装配式剪力墙齿槽式连接理论与应用

张锡治 著

中国建材工业出版社
北 京

图书在版编目（CIP）数据

装配式剪力墙齿槽式连接理论与应用/张锡治著
. --北京：中国建材工业出版社，2024.8
ISBN 978-7-5160-4107-9

Ⅰ.①装… Ⅱ.①张… Ⅲ.①装配式构件—剪力墙结构 Ⅳ.①TU398

中国国家版本馆 CIP 数据核字（2024）第 067879 号

装配式剪力墙齿槽式连接理论与应用
ZHUANGPEISHI JIANLIQIANG CHICAOSHI LIANJIE LILUN YU YINGYONG
张锡治　著

出版发行：中国建材工业出版社
地　　址：北京市西城区白纸坊东街 2 号院 6 号楼
邮　　编：100054
经　　销：全国各地新华书店
印　　刷：北京印刷集团有限责任公司
开　　本：787mm×1092mm　1/16
印　　张：10
字　　数：220 千字
版　　次：2024 年 8 月第 1 版
印　　次：2024 年 8 月第 1 次
定　　价：39.00 元

本社网址：www.jccbs.com，微信公众号：zgjcgycbs

前　言

近年来国家大力推行建筑产业化，通过标准化设计、工厂化生产、装配化施工等方式，提高建筑质量，降低能耗、物耗，减少建筑垃圾和环境污染，实现节能减排，推进生态文明建设。剪力墙结构的房间内不露梁和柱，空间利用率高，可有效抵抗地震和风荷载等外力作用，是高层住宅建筑中主要采用的结构形式。住宅在新建建筑中占有较大比例，研发剪力墙结构的预制装配技术对建筑产业化发展至关重要。

装配式剪力墙预制构件间钢筋连接早期都采用套筒灌浆连接。套筒灌浆连接性能可靠，尤其适用于大直径、根数少的钢筋，但剪力墙分布钢筋密集、钢筋直径小，在装配式剪力墙结构应用中套筒灌浆连接存在施工效率低、成本高等问题，也存在套筒内灌浆不实却难以发现的隐患。因此，许多专家和学者致力于开发装配式剪力墙新型连接方式。

天津大学建筑设计规划研究总院在2010年提出装配式剪力墙齿槽式连接技术。历经十余年发展，从早期小齿槽连接、楔形齿槽连接发展到成熟的复合齿槽连接。齿槽连接剪力墙结构是基于标准化理念，预制墙体水平连接部位采用齿槽连接，竖向分布筋采用U形筋形式在齿槽区域内锚固连接，并在齿槽区域浇筑混凝土而形成的一种新型预制混凝土剪力墙连接技术。齿槽连接剪力墙结构发挥暗柱内钢筋受拉性能，满足墙体抗弯要求；通过齿槽区域局部现浇实现上下预制墙板钢筋的可靠连接，可有效解决传统钢筋套筒灌浆连接、浆锚搭接连接和机械连接中存在的制作精度要求高、安装就位困难、施工效率低、成本高、灌浆质量不易保证等问题，可实现装配式剪力墙结构设计的模数化和标准化，具有标准化程度高，连接节点质量可靠，安装便捷，结构整体性好，生产成本低等优点。预制构件标准化生产和装配化安装，节省材料、降低能耗并减少废弃物，减少建造过程中的碳排放，符合新型建筑工业化发展要求，有助于建筑行业的绿色低碳和高质量发展，促进我国“碳达峰、碳中和”目标的实现。

课题组开展了装配式剪力墙齿槽式连接受力性能的系列研究，先后对装配式剪力墙齿槽式连接的受剪破坏机理、墙体抗震性能、上下墙板钢筋U形锚固连接受力性能，以及齿槽区界面处理对抗震性能的影响等关键技术问题开展深入研究，建立了齿槽区混凝土受剪理论模型，提出了装配式剪力墙齿槽式连接节点受剪承载力公式；建立了U形筋锚固理论，提出了U形筋锚固连接计算公式。研究成果在多个项目应用，取得了很好的应用效果。技术成果“装配式剪力墙复合齿槽连接技术”荣膺华夏建设科学技术奖和天津市科技进步奖。

本书是对上述研究工作的总结，内容共分6章，主要包括绪论、齿槽连接装配式剪力墙受剪性能研究、齿槽连接装配式剪力墙抗震性能研究、齿槽区域U形筋锚固连接受拉承载性能研究、接缝处理方式对齿槽连接装配式剪力墙抗震性能的影响、工程实例。本书读者是施工企业从事装配式技术研发和推广的专业技术人员、高校科研院所从事结构抗震性能研究的教师、设计人员和研究生。

技术研发过程中，天津大学建筑设计规划研究总院的同事和各地的同行给予许多帮助，特别是凌光荣总工程师、丁永君大师在研发过程给予了很多鼓励和建议，专家任庆英作为组长对该技术形成的规程予以审查，提出很多建设性的意见，对他们的支持表示感谢！课题组的李义龙、韩鹏、马健、蔡魏巍、陈俊杰、王金城、李倩楠、刘岳阳、李磊、高华超、张群礼、李福林、李军委等研究生做了大量的试验研究、数值模拟和理论分析工作；章少华博士积极推广装配式剪力墙复合齿槽连接技术，在实践中完善了技术体系，和我一起编制了《复合键槽连接装配式混凝土剪力墙结构技术规程》（T/CECS 1389—2023）；鞠杰、刘瑞珩、翟哲海、陈再源等研究生协助我整理资料完成书稿，在此对他们的辛勤工作表示感谢！

本书的研究工作先后得到国家自然科学基金项目（51578369）、天津市科技计划项目（17ZXCXSF00080）、天津市科技计划项目（19YDLYSN00120）及天津市住建委科研项目的资助。特此致谢！

由于作者学识水平和阅历有限，书中难免存在不当之处，我们期待广大读者不吝给予批评指正，帮助我们对这些阶段性成果进行完善和发展，以期为推进装配式建筑事业的发展尽绵薄之力。

张锡治

2024年3月11日于天津

目 录

第一章　绪　论

第一节　引　言

装配式建筑是指在工厂生产的部品部件，在施工现场通过组装和连接而成的建筑。发展装配式建筑是建造方式的重大变革，有利于节约资源能源、减少施工污染、提升劳动生产效率和质量安全水平，有利于促进建筑业与信息化工业化深度融合、培育新产业新动能、推动化解过剩产能。大力发展装配式建筑是新形势下推进供给侧结构性改革和新型城镇化发展的重要举措。自 2007 年以来，我国出台多项政策，发布多个文件，从国家层面部署装配式建筑推广工作，对发展装配式建筑提出了明确的目标任务，在这一宏观背景下，加快装配式建筑技术创新，推动装配式建筑技术创新成果产业化日益得到重视。

我国住宅建筑在城市建设中占有非常高的比例，其建设量庞大且增长迅速。在高层住宅中，剪力墙结构以其优异的抗震性能和空间布局灵活性，成为高层住宅建筑设计中首选的结构形式。高层住宅建筑采用传统的现场施工方式，施工工序繁杂、资源损耗多、建筑垃圾排放量大、现场工人需求多。而采用装配式混凝土剪力墙结构，可以有效节约资源，减少建筑垃圾的产生和对环境的不利影响，提高建筑功能和结构性能，实现低能耗、低排放的建造过程。因此，在住宅建筑中推广适合工业化生产的预制装配式剪力墙结构体系，能够积极推进住宅建设从粗放型向集约型转变，提高住宅建筑的工业化集成水平，从而推动建筑业的高质量发展。

为更好地促进我国建筑产业化发展和建筑业转型升级，实现建筑业高质量发展，本书针对装配式混凝土剪力墙结构体系研发和实践中所面临的关键技术问题，开展装配式混凝土剪力墙结构新型连接技术的研发，以期提高预制构件标准化程度，降低生产成本，提升现场装配安装效率，保证工程质量和安全，助力建筑产业现代化发展。

第二节　装配式混凝土剪力墙结构体系概述

一、装配式大板结构

装配式大板结构是最早推广应用的装配式混凝土结构（图 1-1、图 1-2），第二次世界大战结束后，欧洲大部分地区成为废墟，百废待兴，战争造成大量人员伤亡，劳动力严重不足。因此，国外学者和建筑专家开始研究新型的结构体系，装配式大板结构便应运而生。装配式大板结构的混凝土外墙板、内墙板、楼梯、楼板等构件均在工厂加工制作，运送至施工现场后通过机械吊装、现浇连接缝形成整体结构，具有施工速度快、劳动力成本低、可实现工厂大规模生产等优点。

图 1-1　国外装配式大板结构

图 1-2　国内大板结构

Harris 等[1]进行了足尺装配式大板结构墙板节点的轴心受压承载力试验。结果表明，接缝处后浇水泥砂浆的强度对节点强度有显著影响，墙体设置加强钢筋能够防止墙体端部发生劈裂破坏，提高节点承载力。Park[2]提出了装配式大板结构的受力分析模型，介绍了钢筋套筒连接和金属波纹管连接两种方法，对比了两种连接方法的优缺点，给出了相关的设计建议。Soudki 等[3]通过试验评估了预制混凝土剪力墙不同连接构造在反复加载条件下的受力能力，分析了各种预制混凝土剪力墙的横向接缝（包括机械连接、钢筋搭接或特殊接头）在地震作用下的抗震性能。Shemie 等[4]提出了预制楼板之间、预制楼板与预制墙板之间的螺栓机械连接方法，通过“干式连接”方法，可减少现场湿作业，提升墙板间连接的便捷性。

我国自 20 世纪 60 年代从苏联引进装配式大板结构体系，自 70 年代初开始“三化一改”，即设计标准化、构配件生产工厂化、施工机械化和墙体改革；同时结合我国特点对装配式大板结构体系进行改进推广，在北京、天津、昆明等地建设了大批装配式大板住房。但是，由于早先建设的装配式大板结构构造节点处理不合理，出现漏水和渗水现象，加上唐山地震造成预制结构倒塌，致使住宅工业化一度停滞，预制板等构件的使用受到限制。

为研究装配式大板结构的整体抗震性能，尹之潜等[5]设计了两组装配式大板结构模型的振动台试验，其中一组为 1/5 缩尺 10 层楼模型，另一组为 1/6 缩尺 14 层楼模型。结果表明，装配式大板结构能够满足抗震设计的要求。朱幼麟等[6]对 8 层装配式大板结构缩尺模型进行了水平荷载作用下的静力和动力试验，研究了大板间水平和竖向接缝对结构受力的影响。结果表明，水平接缝和竖向接缝对结构的内力分布和刚度有显著影响；水平接缝对墙体的侧向刚度的影响较大，需要在计算分析中考虑；竖向接缝的剪切角对联肢墙的内力分布有较大影响。

万墨林[7]根据国内外发生连续性倒塌的工程实例，结合我国装配式大板结构特点，研究了装配式大板结构的抗连续性倒塌性能，分析了装配式大板结构在局部破坏后的受力机制，从结构布置、计算方法、构造要求三方面提出了防止装配式大板结构连续性倒塌的措施。朱幼麟[8]基于北京地区既有装配式大板结构，分析了装配式大板结构在某一墙板失效后结构的受力性能，提出了基于悬墙机制、悬臂机制和悬挂机制的三种墙板失效后结构受力的计算方法，分析了墙板纵向和周边设置拉结钢筋对结构整体性能的影响。

二、预应力装配式剪力墙结构体系

20 世纪 90 年代，美国和日本联合的 PRESSS 项目提出一种全新的预应力装配式剪力墙结构体系，结构主要特点为上下层预制墙体中竖向分布钢筋不连接，上下墙体通过在预制墙体预留孔洞中穿入无黏结预应力筋后施加预应力来形成整体，两片墙体间的水平连接可通过预应力筋采用预制混凝土连梁或钢连梁连接成整体结构。大量研究结果表明，该体系具有优越的抗震性能和良好的自复位能力，在大震情况下结构能够产生较大的侧向位移，残余变形较小；破坏集中在预制构件间的连接部位，易于震后修复。

Smith 等[9-12]对竖向采用无黏结预应力筋连接的预制混凝土剪力墙进行了抗震性能试验（图 1-3），研究了预制混凝土剪力墙的极限位移、耗能能力、剪切变形等，分析了连接的受力特点，建立了计算模型，提出了受力和变形的计算方法。

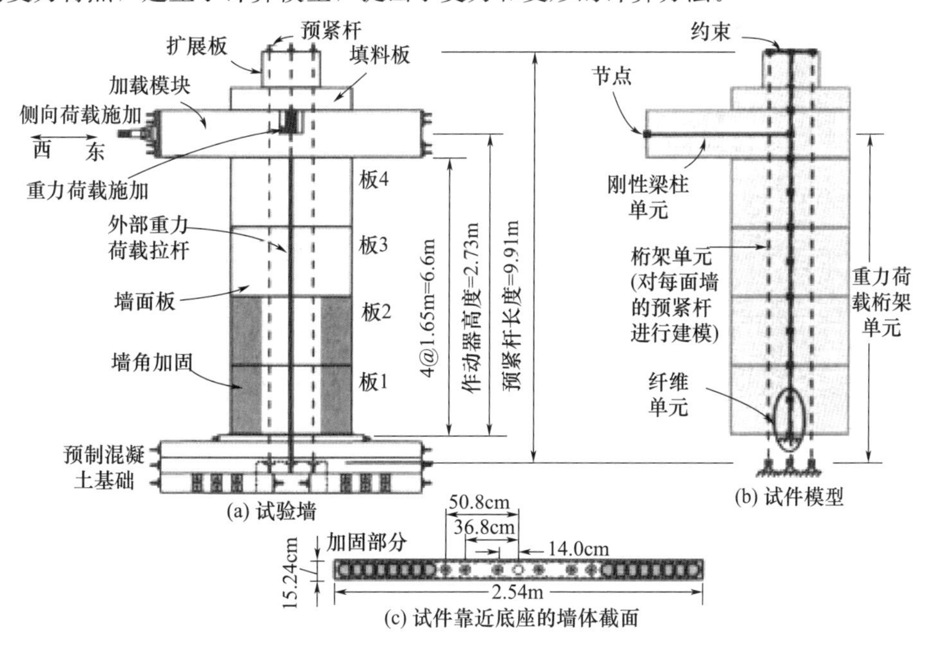

图 1-3 试验模型[11]

Kurama等[13]研究了预制混凝土墙体采用预应力筋进行水平连接的受力性能，完成了11个1/2缩尺试件的反复加载试验。试验参数包括连接角钢厚度、角钢长度、预埋钢板厚度、预应力筋直径、钢连梁高度等。结果表明，合理的设计能够保证试件在破坏时连接角钢发生断裂，墙体和连梁无严重损伤；卸载后结构残余变形较小，可忽略不计。基于上述试验结果，Shen等[14]采用DRAIN-2DX建立分析模型，模拟分析结果与试验相符。

Kurama等[15]对预应力装配式剪力墙结构开展了非线性静力和动力时程分析。相比普通结构，采用无黏结预应力筋连接钢连梁结构的水平侧移比普通嵌入式连梁增加30%～50%，残余变形显著降低。Weldon等[16]研究了采用预制混凝土连梁连接的预应力装配式剪力墙结构，并采用DRAIN-2DX和Abaqus完成了数值模拟分析。

三、叠合板式剪力墙结构体系

叠合板式剪力墙结构（图1-4）是指由叠合墙板、叠合楼板，以及现浇混凝土剪力墙、边缘构件等构件组成的装配式剪力墙结构[17]。章红梅等[18]对叠合板式剪力墙进行了低周往复加载试验，研究了叠合板式剪力墙的破坏模式、变形性能以及新旧混凝土结合面的破坏模式。结果表明，叠合板式剪力墙结构具有良好的抗震性能，新旧混凝土结合面协同工作性能良好。

图1-4　叠合板式剪力墙结构[17]

连星等[19-20]对采用不同边缘约束构造的叠合板式剪力墙进行了低周往复加载试验。结果表明，叠合部分与现浇部分黏结性能好，能够有效地协同工作，破坏形态与现浇墙体相似；基于试验结果，建立了叠合板式剪力墙的力学模型，提出了弹性刚度、正截面开裂荷载、正截面受弯承载力、斜截面抗剪承载力，以及预制墙板水平接缝受剪承载力等系列计算公式。

王滋军等[21-22]进行了开洞叠合剪力墙与现浇开洞剪力墙抗震性能的对比试验研究。结果表明，开洞叠合剪力墙的抗震性能与现浇开洞剪力墙相差不大，延性和耗能能力等均与现浇开洞剪力墙相当。叠合剪力墙的剪式支架的连接能够使墙体预制部分与现浇部分形成整体协同工作。带竖向接缝的叠合剪力墙在受往复荷载作用下的破坏形态与现浇剪力墙基本相同，各项指标接近，具有较好的抗震性能，水平拼接的叠合剪力墙承载能力不低于整体叠合剪力墙。

张伟林等[23]对叠合板式剪力墙结构的 T 形和 L 形墙体进行了抗震性能试验研究。结果表明，T 形和 L 形叠合板式剪力墙的抗震性能与现浇墙体相似，预制部分与现浇混凝土黏结良好，能够有效协同工作，抗剪承载能力相比现浇剪力墙略有降低，但能够满足规范要求。

Salmon 等[24]提出一种预制混凝土夹心板材，形状类似三明治，两边为预制钢筋混凝土板。两个钢筋混凝土板通过剪式支架进行连接，板材之间设有保温材料。他们还对板材间剪式支架的合理形式，以及板材之间加入型钢提高其承载力的可行性开展了相关研究。

四、全预制装配式剪力墙结构体系

朱张峰等[25]对全预制装配式剪力墙结构中间层边节点的抗震性能进行了试验研究和数值模拟。结果表明，采用金属波纹管注浆连接的预制剪力墙的承载力、刚度、延性和耗能能力与现浇剪力墙基本接近，预制剪力墙与现浇剪力墙的抗震性能相当。

朱张峰等[26]对一组 1/2 缩尺单跨三层的全预制装配式剪力墙结构进行了低周反复加载试验。结果表明，预制装配式剪力墙与现浇剪力墙的承载能力、位移延性及耗能能力等指标接近，具有较好的抗震性能。陈锦石等[27]对采用全预制装配式技术制作的 1/2 缩尺比例四层空间模型试件进行了低周反复加载试验。结果表明，预制装配式剪力墙结构的承载能力满足规范要求，屈服荷载大于按规范计算的设计地震力，可实现中震弹性、大震不倒的设防目标。

马军卫等[28]通过试验对采用预制剪力墙和预制框架构件的全装配式框架-剪力墙结构进行了抗震性能研究，分析了不同受力阶段结构的破坏模式、滞回特性、延性、刚度退化以及耗能能力等抗震性能指标。结果表明，全装配式框架-剪力墙结构设计时，剪力墙边柱或边缘纵筋应优先采用灌浆套筒连接以保证结构的整体性和承载能力，其他部位可使用约束浆锚搭接连接，框架连接节点建议采用微膨胀混凝土，以增强节点的连接性能和整体结构抗震能力。

五、装配式剪力墙体系连接结构研究

许多学者对各类装配式剪力墙结构的连接技术进行了大量和系统性的理论分析与试验验证。在基础理论研究层面，探讨了连接节点的工作机理、荷载传递路径、承载性能及抗震性能，通过建立精确的力学模型和有限元分析，揭示了不同连接方式下的应力分布规律和变形特性。此外，许多学者积极研发新型的预制剪力墙连接构造和技术，如改进型灌浆套筒连接、浆锚搭接连接、螺栓连接等，以期提高装配连接效率，降低施工难度，提升整体结构的安全性和耐久性。

赵唯坚等[29]梳理和总结了国内外预制装配式剪力墙的竖向连接形式，对每种连接形式进行了细致评估，指出今后将进一步致力于研发更为合理、高效且满足更高性能要求的新型预制装配式剪力墙结构竖向连接技术，以适应不断发展的建筑市场需求。

钱稼茹等[30]进行了套筒灌浆连接装配式剪力墙结构的三层足尺模型的拟动力试验（图 1-5），研究了结构在不同地震烈度下的地震响应，分析了破坏形态、滞回曲线、变形适应性、刚度退化以及钢筋屈服顺序。结果表明，结构的主要破坏区域集中于与地震作用方向平行的连梁和窗台下方墙体，连梁主要表现为弯曲失效模式，窗下墙以剪切破坏为主，首层墙肢出现轻微的弯曲破坏现象。

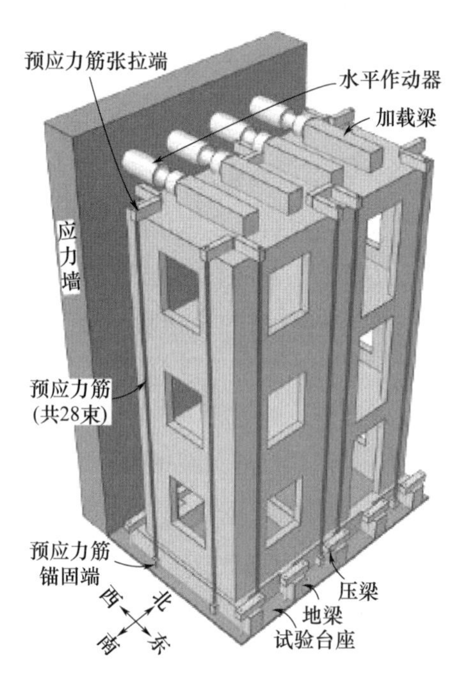

图 1-5　试验模型及加载装置[30]

李然等[31]对套筒灌浆连接、浆锚搭接连接以及底部预留后浇区搭接连接三种连接方式进行了试验研究，分析了不同连接方式下装配式剪力墙的抗震性能，通过与现浇剪力墙对比，总结了装配式剪力墙结构的受力特性和破坏机制，指出在不同竖向钢筋连接方式下，装配式剪力墙结构均表现出优越的整体性和与现浇剪力墙相当的抗震性能。

张壮南等[32]研究了装配式剪力墙竖向浆锚连接中钢筋的锚固效能及其结合面在受剪状态下的受力性能，以插筋配筋率作为变量，完成了装配式剪力墙的剪切试验，提出了适宜的竖向插筋长度。结果表明，提高后浇混凝土材料的强度有利于增加结合面受剪承载力；在满足钢筋锚固要求情况下，适当增加后浇带宽度可有效提高墙体抗剪承载力；减少凹槽长度对墙体抗剪承载力的影响。

孙建等[33]采用高强度螺栓以及钢制连接框架将上下层预制混凝土墙板相互拼接，构建了一字形全装配式剪力墙结构，研究了全装配式剪力墙的力学性能和水平接缝的受力机理。结果表明，采用高强度螺栓连接的一字形全装配式剪力墙具有良好的延性；降低螺栓直径或预紧力，可导致水平接缝内相对滑动量增大；减小连接钢框翼板的厚度，增加了钢框承担的应力水平。

吴宏磊等[34]提出了一种新型的装配式剪力墙连接形式（图 1-6）。该技术采用超高性能混凝土锚固大直径螺栓代替纵向连接钢筋，以解决装配式剪力墙连接操作复杂和连接钢筋密集的问题。通过对现浇剪力墙与新型装配式剪力墙进行低周反复加载试验，研究了新型装配式剪力墙的抗震性能。结果表明，装配式剪力墙在加载过程中表现出与现浇剪力墙相似的力学性能，承载力、延性和能量耗散能力均与现浇剪力墙相当。利用超高性能混凝土锚固大直径螺栓的连接形式能够有效传递钢筋应力，大直径螺栓主要替代竖向分布钢筋以简化连接，在部分剪切和弯曲中发挥作用。与现浇剪力墙相比，装配式剪力墙的抗裂性能得到提升，所需连接钢筋数量减少，获得了更好的锚固性能。该连接技术既避免了套筒灌浆连接，又提高了施工效率，应用前景广泛。

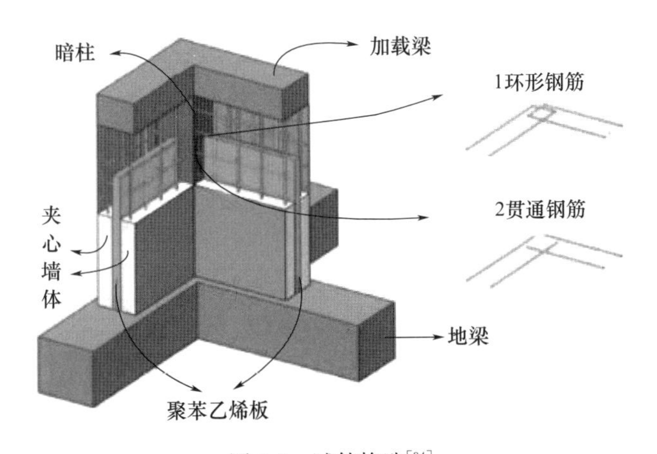

图 1-6 试件构造[34]

徐刚等[35]针对装配式夹心剪力墙结构（图 1-7）中暗柱区域的竖向连接方式，通过试验研究了湿式连接、干式刚性连接以及摩擦耗能连接三种形式的抗震性能。结果表明，湿式连接和干式刚性连接的装配式夹心剪力墙在抗震性能上表现相近，主要通过底层材料的塑性变形来消耗地震能量。不同于传统低矮剪力墙的剪切破坏模式，夹心构造使此类剪力墙表现出明显的弯曲破坏特征。采用摩擦耗能连接的装配式夹心剪力墙结构，在试验加载结束后，墙体仍保持弹性工作状态，其刚度和承载力较刚性连接结构低，但累积耗能基本相同，连接件通过水平缝开合变形与竖缝两侧墙体相互错动位移耗散了地震能量，实现了混凝土不出现塑性破坏的目标。此外，为增强该结构的自复位能力，摩擦耗能连接体需要额外施加预应力。

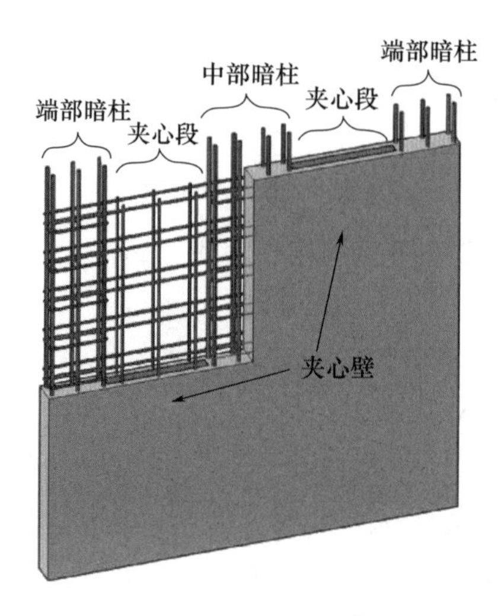

图 1-7　夹心剪力墙[35]

肖明等[36]研发了一种采用特殊连接技术的多层装配式剪力墙结构，其中竖向接缝利用钢筋锚环或钢丝绳套进行连接，水平接缝采用单排大直径钢筋间接搭接方式。完成了八个预制剪力墙和一个现浇剪力墙的拟静力试验，对墙体破坏形态、受力全过程机理以及关键参数影响规律进行了深入研究。结果表明，所有预制剪力墙均实现了预期的破坏模式，表现出良好的整体性；水平接缝通过附加大直径钢筋间接搭接连接后，能够实现与上下贯通钢筋相近的承载力和耗能能力；竖向接缝具有较强的抗剪性能，竖向接缝对剪力墙水平承载力的影响较小；钢筋锚环在提供销栓作用的同时有利于提高剪力墙刚度及耗能能力，建议优先选择钢筋锚环连接方式。

六、其他预制装配式剪力墙结构

日本在装配式大板结构的基础上发展了壁式框架预制钢筋混凝土结构（WR-PC）。该结构纵向由扁平壁状柱和梁形成刚架，横向由连层的独立剪力墙构成，结构的主要构件包括壁柱、梁、剪力墙、墙板及屋面板的一部分或全部由预制构件组成[37]。

黄炜等[38]提出了一种密肋壁板结构体系（图 1-8）。该体系将结构墙体用小截面的梁柱划分成网格状，在梁柱间空格中填充轻质材料或采用工业废料制成的可再生材料，加工制作形成组合预制墙体。施工时通过墙体两侧及顶部混凝土小截面梁柱伸出的连接钢筋进行装配连接，装配完成后将其与现浇框架梁柱一起整浇形成整体结构。结果表明，墙体中的砌块、肋格、外框能够在弹性阶段、弹塑性阶段、破坏阶段依次发挥作用，具有多道抗震防线，墙体在遭受小震或中震后具有稳定的水平承载能力及良好的耗能性能，在遭受大震后具有良好的抗倒塌能力。

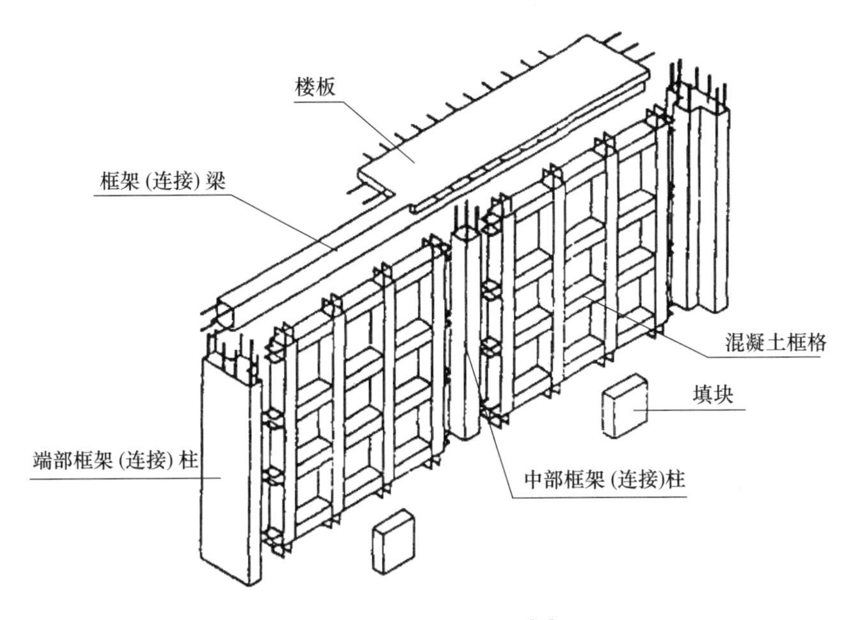

图 1-8 密肋壁板结构[38]

钱稼茹等[39-40]提出一种预制钢筋混凝土圆孔板剪力墙结构，先后开展了两端设有暗柱的单片、双片预制圆孔板剪力墙的拟静力试验。结果表明，暗柱沿全高出现水平裂缝，预制墙体布满斜裂缝，表现为弯剪破坏模式，延性系数大于 5.0，极限位移角大于 1/100，满足抗震要求。

胡文博等[41]提出一种内置空心管并采用混凝土填充的一体化剪力墙结构。通过试验研究了无填充墙体、砌块砌体填充墙体以及一体化整体填充墙体在水平往复荷载作用下的抗震性能。结果表明，预制一体化剪力墙表现为弯剪破坏模式，相较于无填充墙和砌体填充试件，抗侧向刚度和受剪承载力显著提升，抗震性能优越。基于试验和有限元分析结果，给出了预制一体化混凝土剪力墙结构合理的填充墙构造方案。

钱稼茹等[42]研究了装配式空心板剪力墙结构中叠合连梁的抗震性能（图 1-9）。空心板剪力墙结构叠合连梁由预制 U 形混凝土模壳、模壳内部后浇筑混凝土以及水平后浇带组成。结果表明，预制 U 形模壳与后浇筑混凝土能够协同工作，峰值弯矩前连梁纵筋出现屈服现象，箍筋未屈服，连梁与墙肢结合面出现开裂和滑移现象，破坏模式为弯曲滑移破坏，连梁角部出现混凝土压溃和剥落现象；跨高比为 1.5 和 2.4 的连梁表面出现大量斜裂缝，而跨高比为 3.0 的连梁则仅在两端约 500mm 高度范围内出现斜裂缝，梁端弯矩-转角滞回曲线呈现捏拢状态，耗能能力较弱，梁底部纵筋在墙肢内锚固方式对连梁的整体抗震性能影响较小。

周颖等[43]完成了装配式自复位剪力墙结构（图 1-10）的振动台试验，以验证结构在地震作用下的低损伤性能及新型节点连接方式的有效性。试验采用二层足尺的整体结构模型，由外围承重框架和具备自复位功能的剪力墙构成。外围框架柱为重力柱，通过开槽梁节点设计来减少梁伸长引起的楼板损伤问题；自复位剪力墙与楼板之间采取了灵活的长边连接和隔离式的短边连接方法。其中一层楼板使用双 T 样板，二层采用压型钢板组合楼板。通过在节点处配置了钢、铅以及黏滞三种类型的阻尼器，研究不同地震烈度、地震波输入以及结构设计参数对结构动力响应的影响。结果表明，装配式自复位剪力墙结构能保持较低的损伤程度，表现出良好的自复位特性。试验过程中多次成功更换阻尼器部件，表明关键结构组件具有可替换性，对实际工程应用中维护和恢复结构功能具有重要意义。

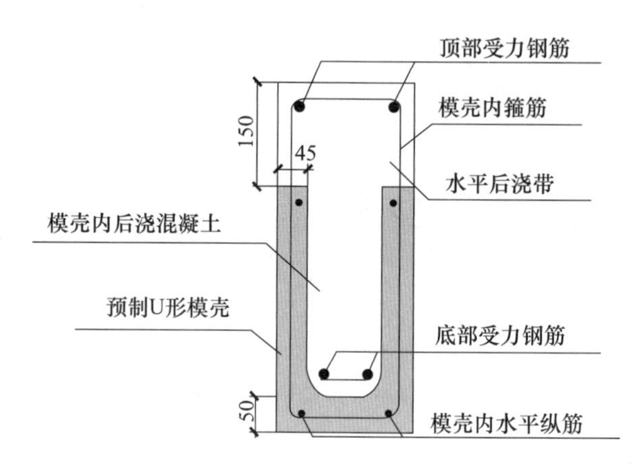

图 1-9 装配式空心板剪力墙结构叠合连梁剖面图[42]

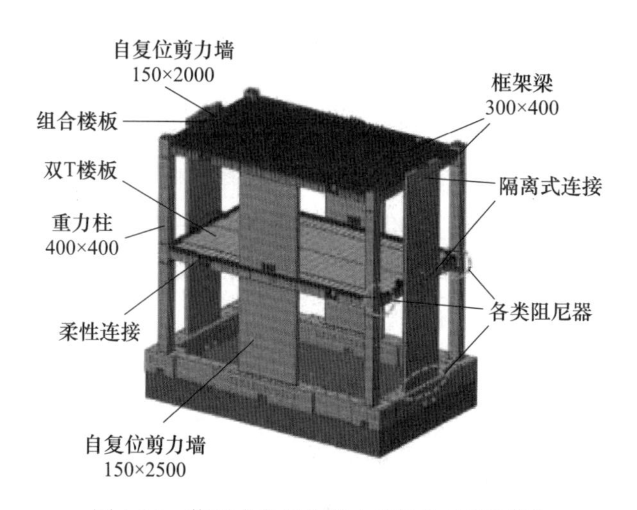

图 1-10 装配式自复位剪力墙结构示意图[43]

熊枫等[44]提出了一种适用于高层建筑的新型装配式内置双钢套管混凝土组合剪力墙结构。通过一系列两层组合剪力墙试件的拟静力抗震试验研究了该体系的整体装配性能，分析了此类组合墙体的破坏机理和抗震性能。结果表明，在地震作用下墙体主要表现为弯剪复合破坏模式，约束边缘构件的竖向钢筋及外钢管发生受拉屈服，混凝土出现局部压溃现象，外钢管有一定程度的压鼓变形，剪切斜裂缝显著。坐浆层与预制墙体间出现裂缝，但未发生相对错动，连接整体性良好，滞回曲线有捏拢现象。螺栓实现了对内、外钢管径向的固结连接，保证了钢套管间的约束效果。此外，平面外荷载偏心对组合墙体的滞回性能影响较大，在较大偏压矩作用下，内置钢管混凝土芯柱发挥了关键的连接支撑作用，表现出较好的变形能力，具有一定的面外抗压弯能力。

马少春等[45]对装配式L形夹心组合剪力墙节点的整体性能进行了试验研究，对比分析了采用环形水平钢筋连接和采用水平贯通钢筋连接的抗震性能。结果表明，墙体出现典型的弯剪破坏模式，表现为腹板底部混凝土因拉伸或压缩而破裂，钢筋屈曲。环形水平钢筋连接试件表现出更优的性能，其开裂、屈服、峰值荷载以及对应的变形量均有显著提升；环形水平钢筋连接试件展现出更好的耗能性能。环形水平钢筋能够有效强化腹板与暗柱、翼缘与暗柱之间的连接强度，从而提升装配式L形夹心组合剪力墙节点的抗震能力。

武立伟等[46]研究了一种新型预制内置圆钢管混凝土组合剪力墙的抗震性能，开展了现浇剪力墙、现浇钢管混凝土组合剪力墙以及预制钢管混凝土组合剪力墙的拟静力试验。结果表明，采用套筒灌浆连接方式能够有效传递剪力墙两侧内置钢管混凝土暗柱的竖向荷载，连接安全可靠。预制及现浇的钢管混凝土组合剪力墙的弹性塑性层间位移角达2.5%，比现浇剪力墙提高约25%。钢管混凝土暗柱剪力墙的残余承载力约为现浇剪力墙的两倍。与现浇剪力墙相比，现浇和预制钢管混凝土组合剪力墙的变形能力分别增加28.4%和25.3%，能量耗散能力分别提升25.5%和43.6%。

韦宏等[47]对采用钢板焊接连接的带水平接缝预制装配式剪力墙结构进行了抗震性能试验，研究了连接钢板厚度、侧向钢板设置以及轴压比等关键参数对结构抗震性能的影响。结果表明，墙体出现压弯破坏模式，滞回曲线呈弓形，表现出良好的延性和耗能能力，刚度退化较缓。在保证连接钢板强度的前提下，增大钢板厚度或增设侧向钢板对于剪力墙的延性、刚度、承载能力和耗能能力的影响不显著。提高轴压比可以有效提升装配式剪力墙的刚度和承载力，但降低了耗能能力。

庞瑞等[48]基于试验研究成果，对装配有预制混凝土填充墙的联肢剪力墙结构进行了数值模拟分析，研究了不同连接方式和轴压比对结构破坏模式、承载能力、刚度及延性等关键性能指标的影响。结果表明，加入预制填充墙能有效提升结构的整体承载力和抗侧向刚度，对于采用刚性连接的结构，建议周期折减系数取值范围为0.8～1.0。随着轴压比增大，结构屈服荷载和峰值荷载均有提高趋势。当轴压比小于0.3时，结构抗侧刚度随轴压比增加而增强；但超过0.3之后，刚性连接下的结构刚度开始下降，而柔性连接试件的刚度变化相对较小，基本保持稳定。在刚性连接设计中，针对轴压比大于0.3的情况，建议加强剪力墙边缘构件的配筋以改善结构延性和抗震性能。

马昕煦等[49]提出了一种新型装配式剪力墙结构体系，其特点为增大现浇区两侧纵筋直径，采用竖向分布钢筋非连续布置方式。结果表明，基于正截面承载力设计值来估算该剪力墙的承载能力准确度较高，且其初始刚度与传统现浇剪力墙保持一致。为了方便工程实际应用，提出了间接设计方法，即将常规现浇剪力墙按照压弯等强和抗剪等强原则进行配筋转换，等效成装配式剪力墙设计，在低轴压比条件下，虽然根据“偏心受压等强替换”原则配置钢筋的装配式剪力墙相较于现浇剪力墙承载力稍低，但由于此类情况下层间剪力相对较小，设计的结构仍满足安全性要求。

第三节　装配式剪力墙齿槽式连接技术

本书以装配式剪力墙结构为研究对象，以预制混凝土墙板标准化与连接协调设计为基础、连接节点高效装配和质量可控为核心、市场产业化应用为目标，研发了标准化程度高、适用性广、质量可靠的装配式剪力墙齿槽式连接技术。该技术研发历时十余年，从早期小齿槽连接技术、楔形齿槽连接技术，发展到现阶段较为成熟的复合齿槽连接技术。复合齿槽预制混凝土墙板以及复合齿槽连接技术分别如图 1-11 和图 1-12 所示。

图 1-11　复合齿槽预制混凝土墙板

装配式剪力墙齿槽式连接技术就是在预制墙板底部中间位置预留一定尺寸的凹槽空间作为键槽，上层预制墙板底部 U 形竖向分布钢筋与下层预制墙板顶部伸出的倒 U 形竖向连接钢筋在键槽区域相互扣合搭接，通过键槽区域后浇混凝土形成连接。核心技术是建立 U 形筋锚固理论，减小互锚长度从而减小现浇区域高度。齿槽连接剪力墙结构发挥暗柱内钢筋受拉性能，满足墙体抗弯要求；齿槽区域局部现浇，既实现了上下预制墙板钢筋的可靠连接，又提高了连接处的受剪性能，其整体受力性能和抗震性能与现浇混凝土剪力墙结构相同。

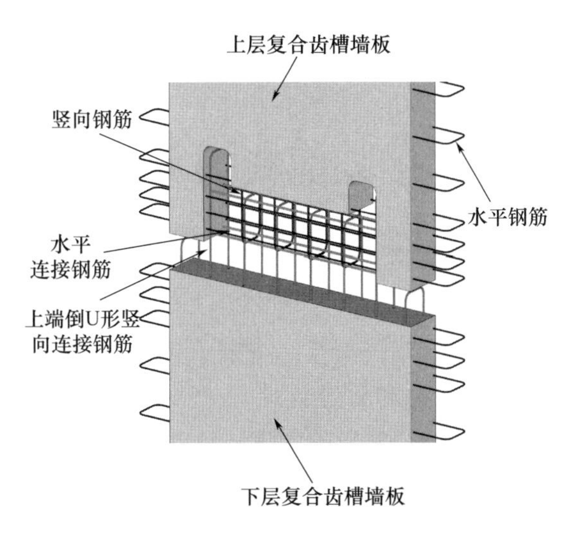

图 1-12　复合齿槽连接技术示意图

该连接技术无须使用灌浆套筒，工厂生产制作简单、现场安装便捷、操作简单，安装效率高、工期短，且冬季可施工，避免了高精度生产和施工安装要求，成本和能耗均有大幅降低。多个实际工程的实践经验表明，该新型连接技术在解决当前装配式剪力墙结构成本高、耗能大、安装效率低和质量难控等痛点问题上优势显著，具有较高的应用价值和广泛的应用前景。

第二章　齿槽连接装配式剪力墙受剪性能研究

第一节　概　述

预制混凝土构件间的连接节点是影响构件及整体结构受力和抗震性能的关键部位。对预制混凝土剪力墙构件，通过在墙体底部设置齿槽连接区，既可充分发挥端部暗柱内纵筋受拉性能，又可在齿槽区新旧混凝土结合面处形成抗剪键，有效传递剪应力和压应力，提高连接节点的抗剪性能，从而提升整体结构的受力性能和抗震性能。本章针对采用齿槽式连接的装配式剪力墙，对其受剪性能开展试验研究，深入分析齿槽连接装配式剪力墙的受剪性能，揭示其受剪机理，提出受剪承载力计算方法，以期为实际工程应用提供试验和理论依据。

第二节　小齿槽连接装配式剪力墙受剪性能

一、试验概况

（一）试件设计

设计并制作了三组共 8 个 1/2 缩尺的齿槽连接装配式剪力墙试件，主要参数为齿槽长度、暗柱配置情况及轴压力。试件构造及几何尺寸见图 2-1，设计基本参数见表 2-1。第一组试件为不带现浇暗柱的全齿槽连接试件，预制墙体长 700mm，齿槽长度 700mm；第二组试件为带现浇暗柱的全齿槽试件，预制墙体长 500mm，齿槽长度 500mm，两侧各有宽 100mm 的现浇暗柱；第三组试件为带现浇暗柱的部分齿槽试件，预制墙体长 500mm，齿槽长度 370mm，两侧各有宽 100mm 的现浇暗柱。

试件由预制墙体、墙顶加载梁和地梁组成。各试件几何尺寸相同，高 650mm，长 700mm，厚 100mm，插入地梁预留槽内的深度为 350mm，其中，带现浇暗柱试件的预制墙体长 500mm，两侧各有宽 100mm 的现浇暗柱。剪跨比为加载点至地梁顶距离与墙体长度的比值，其值为 0.54。齿槽连接后浇段的宽度为 50mm，齿键高度为 25mm，齿键的间距为 50mm，齿键根部宽度为 68mm，齿键斜边角度为 70°，齿槽几何构造如图 2-1（d）所示。

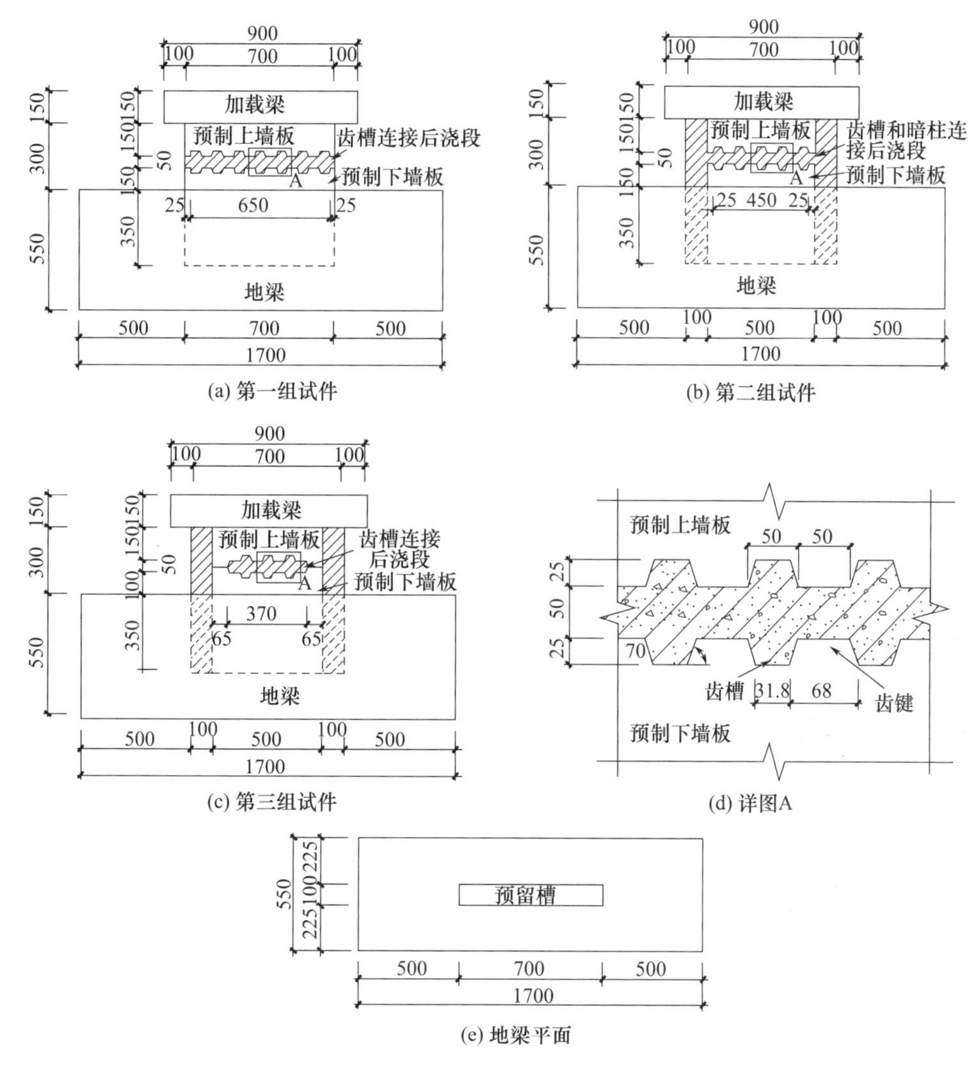

图 2-1 试件构造与几何尺寸

表 2-1 试件基本参数

组别	试件编号	齿槽长度/mm	暗柱配置	轴压比	剪跨比	竖向配筋	水平配筋	暗柱纵筋	暗柱箍筋
第一组	JD-1A	700	—	0.30	0.54	18Φ6	Φ6@100	—	—
	JD-1B		—	0.05	0.54				
第二组	JD-2A	500	现浇	0.30	0.54	10Φ6	Φ6@100	4Φ8	Φ4@80
	JD-2B		现浇	0.15	0.54				
	JD-2C		现浇	0.05	0.54				
第三组	JD-3A	370	现浇	0.30	0.54	14Φ6	Φ6@100		
	JD-3B		现浇	0.15	0.54				
	JD-3C		现浇	0.05	0.54				

试件所采用的混凝土强度等级均为 C30，配筋如图 2-2 所示。墙体竖向和水平分布钢筋均为 ϕ6@100，上下墙体竖向分布钢筋在齿槽接缝部位搭接连接，搭接构造如图 2-2（c）中详图 B 所示。墙体暗柱内配置纵向钢筋 4ϕ8，箍筋直径为 4mm，间距为 80mm。

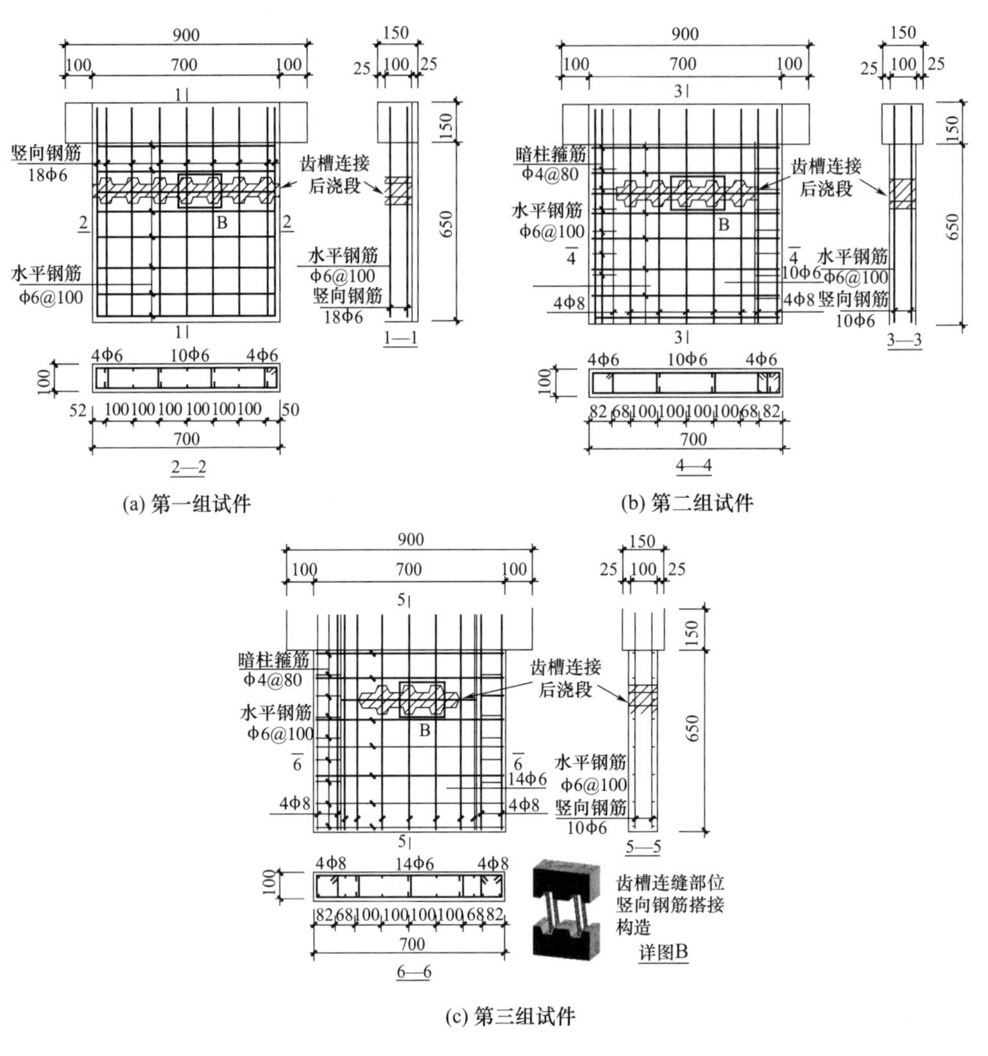

图 2-2　试件配筋图

（二）材料力学性能

钢筋材料性能试验结果见表 2-2，所用钢筋具有明显的弹性段和屈服段。

表 2-2　钢筋强度实测值

直径/mm	屈服强度/MPa	抗拉强度/MPa
6	368.1	475.3
8	502.6	733.4
4	593.1	665.1

试件混凝土分两批浇筑，第一批浇筑预制墙体部分，第二批浇筑齿槽区域和两端暗柱，两批次混凝土试块的抗压强度平均值见表 2-3。

表 2-3 混凝土抗压强度平均值

浇筑批次	试块尺寸	抗压强度平均值/MPa
一	150mm×150mm×150mm	37.2
二	150mm×150mm×150mm	39.6

（三）加载方案及量测内容

试验加载装置如图 2-3 所示。试验时，首先在试件顶部加载梁施加竖向轴压力，并在加载过程中保持恒定，以模拟试件顶部的竖向荷载。通过作动器对试件顶部加载梁施加水平单调荷载，采用荷载-位移混合控制[50]。试件达到峰值荷载之前，按荷载控制加载，每级加载为峰值荷载设计值的 10%；峰值荷载后，按位移控制加载，每级加载位移为 5mm。当荷载降至峰值荷载的 85%或试件破坏导致试验无法继续时，试验结束。

在试件一侧从上至下布置三个位移计（LVDT1～LVDT3），用以测量试件在单向推覆作用下的变形。其中，采用 LVDT1 测量试件顶点的水平位移，采用 LVDT2 与 LVDT1 测量试件是否发生转动，采用 LVDT3 测量地梁的水平位移。测点布置如图 2-3 所示。

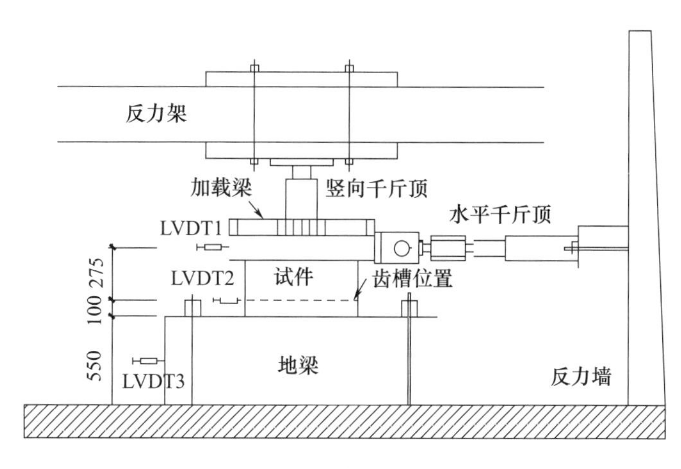

图 2-3 加载装置

二、试验现象及破坏形态

（一）第一组试件

当加载至 250kN 时，试件 JD-1A 齿槽处沿墙体对角线方向出现细微斜裂缝；当加载至 360kN 时，墙体对角线区域已布满裂缝。当加载至 393.4kN 后，水平荷载开始下降，降至峰值荷载的 85%以下时，试验结束。最终破坏形态和裂缝分布如图 2-4（a）所示，此时在对角线受压一侧靠近对角线区域的齿槽内混凝土斜裂缝开展充分，斜裂缝角度约为 40°。

当加载至 190kN 时，试件 JD-1B 墙体中部出现一条长裂缝；当加载至 260kN 时，沿墙体对角线方向的裂缝增多并交错汇集到一起，并逐步形成一条贯通的主斜裂缝，墙体对角线右侧形成沿齿槽形状的裂缝。当加载至 265.3kN 后，水平荷载开始下降，降至峰值荷载的 85%以下时，试验结束。最终破坏形态和裂缝分布如图 2-4（b）所示，破坏时，墙体对角线区域斜裂缝较少，宽度较小，斜裂缝角度约为 35°，沿齿槽接缝部位开展的水平裂缝贯通整个齿槽区域。

对于第一组试件，破坏过程大致为：墙体在受力初期，沿对角线方向形成剪切斜裂缝，斜裂缝逐渐开展；继续加载，轴压比较小的试件，其墙体对角线区域受压一侧靠近对角线区域的齿槽内混凝土斜裂缝开展，受拉一侧沿齿槽接缝部位开始出现水平裂缝，并逐渐贯穿整个齿槽区域；而轴压比较大的试件，仅产生斜裂缝，无沿齿槽接缝部位开展的水平裂缝。

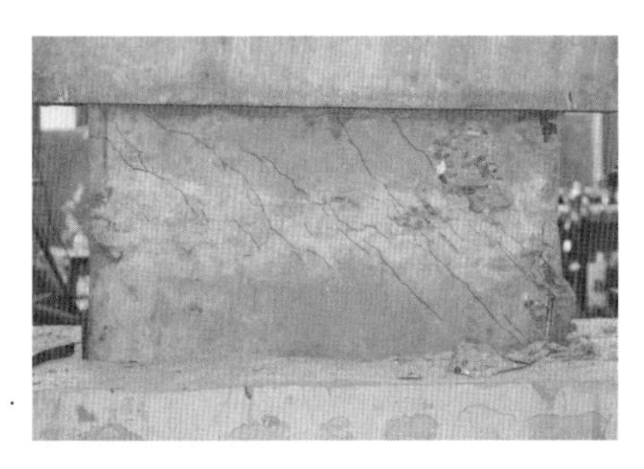
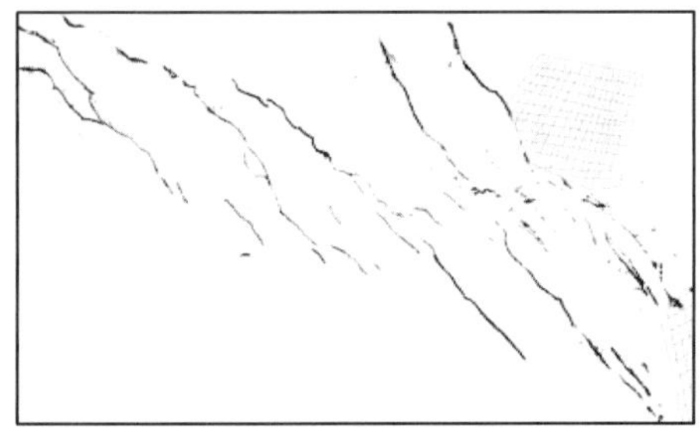

(a) 试件JD-1A

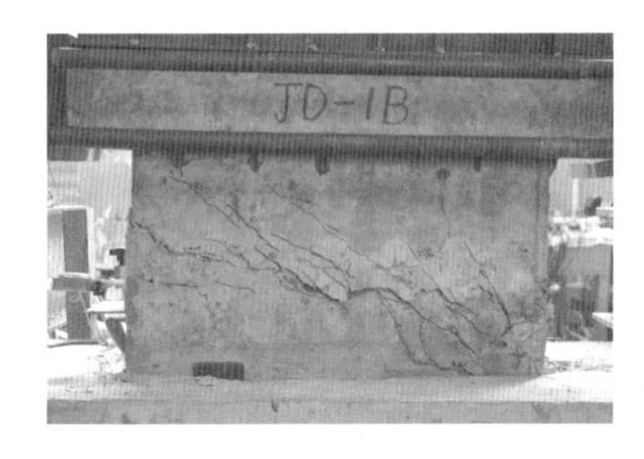

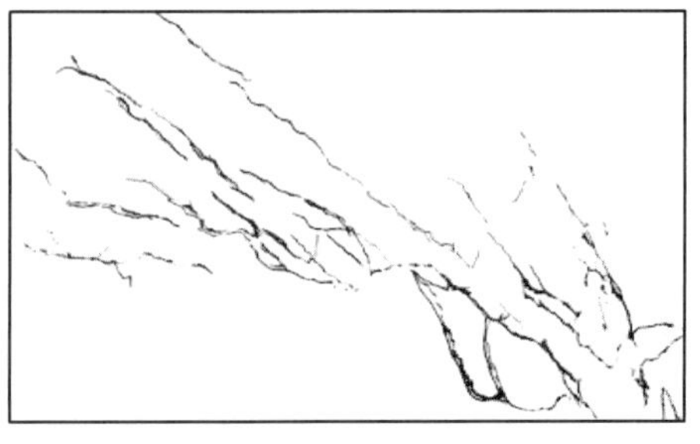

(b) 试件JD-1B

图 2-4　第一组试件的破坏形态和裂缝分布

（二）第二组试件

当加载至 270kN 时，试件 JD-2A 沿墙体对角线方向出现多条剪切斜裂缝；当加载至 330kN 时，墙体表面已基本布满斜裂缝。当加载至 451.9kN 后，水平荷载下降，降至峰值荷载的 85%以下时，试验结束。最终破坏形态和裂缝分布如图 2-5（a）所示，破坏时，墙体对角线区域斜裂缝开展充分，斜裂缝角度约为 40°，非对角线区域齿键内混凝土斜裂缝沿齿槽区域均匀开展。

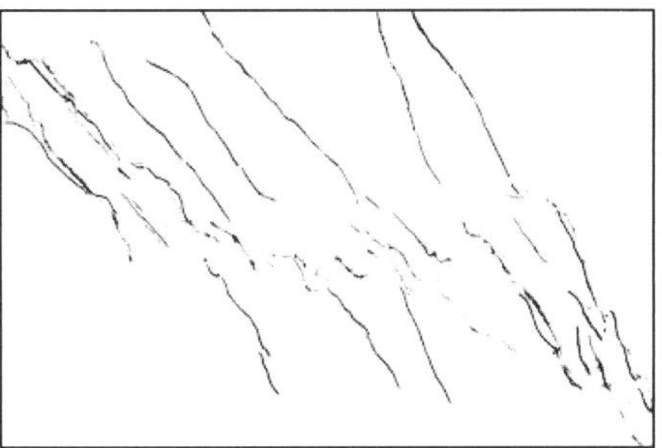

(a) 试件JD-2A

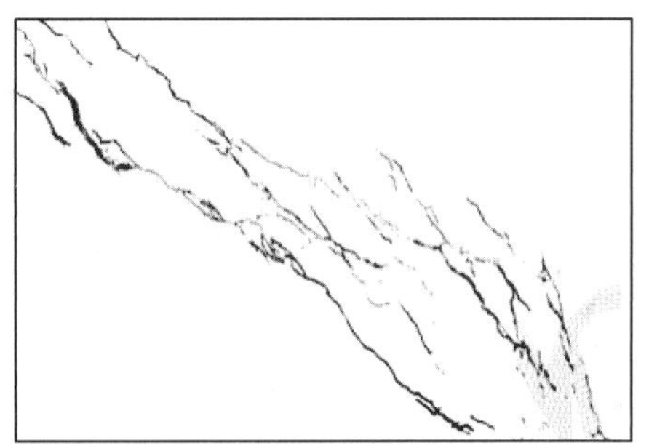

(b) 试件JD-2B

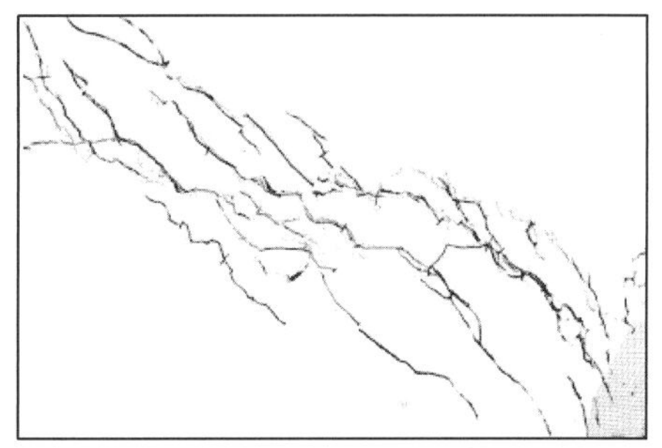

(c) 试件JD-2C

图 2-5 第二组试件的破坏形态和裂缝分布

当加载至 225kN 时，试件 JD-2B 出现两条斜裂缝，并沿对角线方向延伸至墙体底部；加载至 360kN 时，两条裂缝交会到一起形成一条主裂缝。当加载至 406.6kN 后，水平荷载开始下降，降至峰值荷载的 85%以下，试验结束。最终破坏形态和裂缝分布如图 2-5（b）所示，破坏时，墙体斜裂缝基本满布对角线区域，并沿齿槽方向出现少量水平裂缝，斜裂缝角度约为 35°，墙体对角线以外的齿槽内混凝土出现少量沿对角线方向的裂缝。

当加载至 210kN 时，试件 JD-2C 由墙体受压一侧底部沿对角线逐渐向上产生一条裂缝；加载至 240kN 时，沿墙体对角线产生多条裂缝，并在对角线受拉一侧出现沿齿槽接缝的水平裂缝；当加载至 300kN 时，墙体斜裂缝沿对角线集中发展，墙体根部混凝土被压碎，钢筋外露；当加载至 351.4kN 后，水平荷载开始下降，下降至峰值荷载的 85%以下时，试验结束。最终破坏形态和裂缝分布如图 2-5（c）所示，破坏时，墙体沿对角线方向斜裂缝充分发展，斜裂缝角度约为 32°，并沿齿槽方向出现水平裂缝，水平裂缝主要分布在对角线区域以内，墙体对角线以外的齿槽内混凝土基本未发生开裂。

对于第二组试件，破坏过程与第一组接近，轴压比较小的试件 JD-2C，其非对角线区域的齿槽内混凝土沿斜裂缝发展，受拉一侧沿齿槽接缝部位出现水平裂缝，并逐渐贯穿整个齿槽区域；轴压比较大的试件 JD-2A，仅出现斜裂缝，无沿齿槽接缝部位发展的水平裂缝；轴压比介于上述两个试件之间的试件 JD-2B，沿对角线方向斜裂缝发展较为充分，同时产生少量沿齿槽接缝的水平裂缝。

（三）第三组试件

当加载至 270kN 时，试件 JD-3A 沿墙体对角线出现了多条间断的斜裂缝；当加载至 390kN 后，上述斜裂缝发展并汇集形成一条主裂缝；当加载至 410.2kN 后，水平荷载开始下降，并形成贯通的主斜裂缝，角部混凝土受压破坏，荷载下降至峰值荷载的 85%以下，试验结束。最终破坏形态和裂缝分布如图 2-6（a）所示，破坏时，墙体沿对角线方向斜裂缝充分发展，斜裂缝角度约为 35°，沿齿槽方向未出现水平裂缝，墙体对角线以外的齿槽区域混凝土基本未发生开裂，暗柱裂缝发展较多。

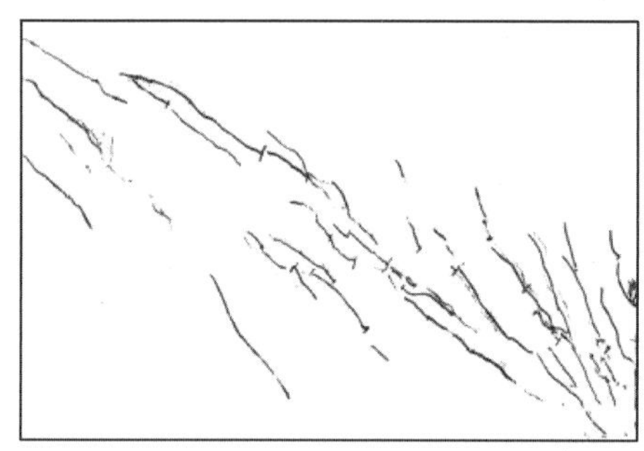

(a) 试件JD-3A

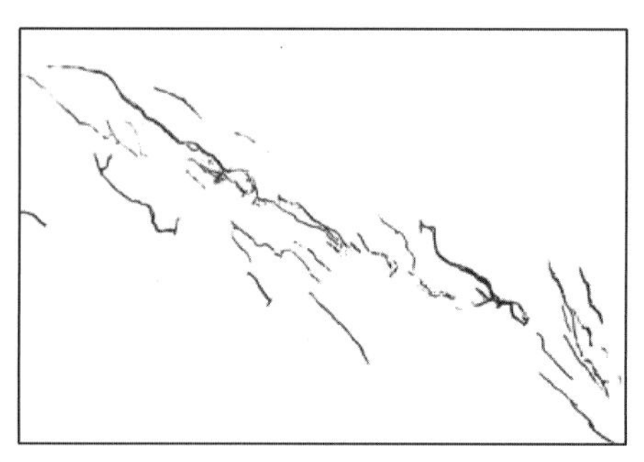

(b) 试件JD-3B

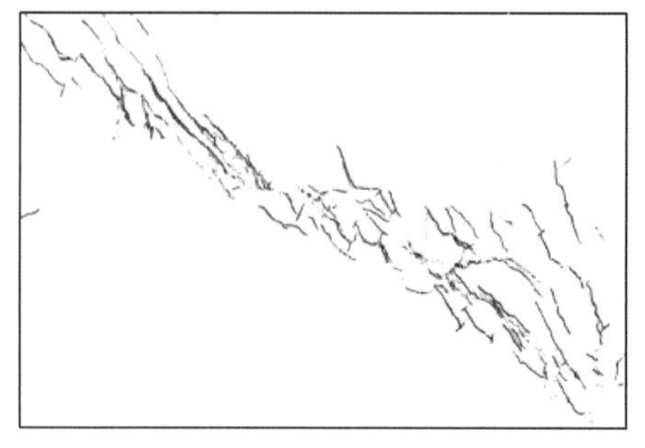

(c) 试件JD-3C

图 2-6　第三组试件的破坏形态和裂缝分布

当加载至200kN时，试件JD-3B从暗柱顶部内侧边缘到中部齿槽出现一条斜裂缝。当加载至270kN时，沿墙体对角线形成了一条主斜裂缝，继续加载，裂缝变宽。当加载至361.9kN时，达到峰值荷载。当荷载下降至峰值荷载的85%以下时，试验结束。最终破坏形态和裂缝分布如图2-6（b）所示，破坏时，墙体沿对角线方向斜裂缝充分发展，斜裂缝角度约为33°，沿齿槽方向出现少量水平裂缝。水平裂缝主要分布在对角线右侧区域，墙体对角线以外的齿槽区域混凝土基本未出现开裂，暗柱裂缝发展较多。

当加载至220kN时，试件JD-3C在墙体中部齿槽附近出现了多条细微裂缝；当水平荷载达到318.4kN时，墙面形成一条宽8mm的贯通斜裂缝，此后水平荷载下降，降至峰值荷载的85%以下时，试验结束。最终破坏形态和裂缝分布如图2-6（c）所示，此时，墙体沿对角线方向斜裂缝充分发展，斜裂缝角度为32°左右，暗柱裂缝发展较多。

对于第三组试件，破坏过程与前两组试件相似，对角线方向斜裂缝的出现未受齿槽长度的影响，仅齿槽接缝处水平裂缝的出现与第二组试件有所不同，这是由于第三组试件为局部齿槽试件。

（四）破坏形态

（1）各组试件最终破坏时，均沿对角线产生较多的斜裂缝，齿槽接缝处水平裂缝开展情况随轴压比的变化而改变，轴压比大的试件（如试件JD-1A、JD-2A、JD-3A），齿槽接缝处基本无水平裂缝发展，轴压比小的试件（如试件JD-2C、JD-3C），水平裂缝发展较宽。

（2）暗柱对齿槽接缝处裂缝发展的影响较为明显，无暗柱的试件（如试件JD-1B），当轴压比较小时，最终破坏时接缝处裂缝宽度较大，而有暗柱的试件（如试件JD-2B、JD-3B）破坏时未出现较宽的裂缝。

（3）有暗柱的试件最终破坏时，齿槽内混凝土斜裂缝均匀分布在各齿内；无暗柱的试件最终破坏时，齿槽内混凝土斜裂缝主要分布在对角线受压一侧的齿间。

三、试验结果与分析

图2-7为各试件单向推覆加载的荷载-位移曲线，表2-4为各特征点处的水平荷载及位移，表中开裂荷载和开裂位移分别为F_{cr}和Δ_{cr}，屈服荷载和屈服位移分别为F_y和Δ_y，峰值荷载和峰值位移分别为F_p和Δ_p，极限荷载和极限位移分别为F_u和Δ_u。由图和表可得到以下结论：

（1）当轴压比为0.3时，带现浇暗柱全齿槽试件JD-2A的峰值荷载最大，全齿槽试件JD-1A的峰值荷载最小，总体上3个试件的荷载-位移曲线趋势一致。

（2）当轴压比为0.15时，带现浇暗柱试件JD-2B和JD-3B曲线接近，说明齿槽长度对墙体的受剪承载力影响较小。

（3）当轴压比为0.05时，带现浇暗柱的试件JD-2C、JD-3C的开裂荷载、屈服荷载、峰值荷载和破坏荷载以及相应的位移结果相差在10%以内。全齿槽试件JD-1B的峰值荷载与带现浇暗柱试件结果相差 25%左右。

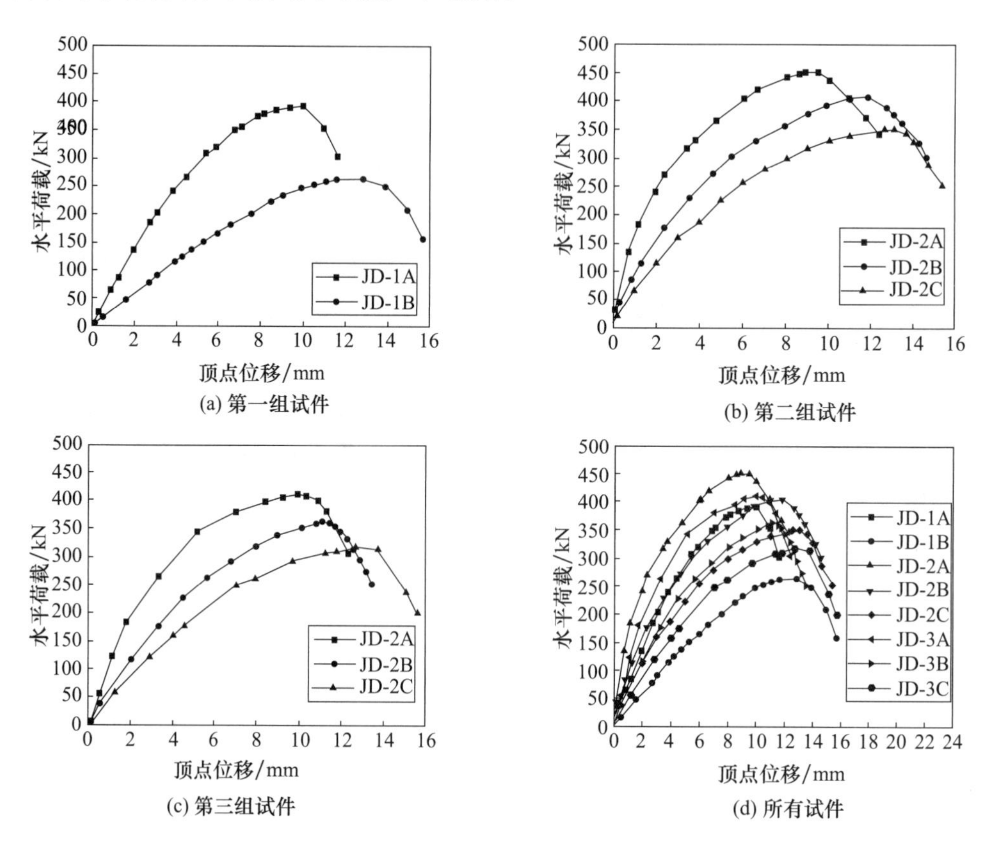

图 2-7 荷载-位移曲线

表 2-4 主要阶段试验结果及受剪承载力试验值与理论值比较

试件编号	开裂点		屈服点		峰值荷载点		破坏点		试验值 V_t/kN	理论值 V_a/kN	$\frac{V_t}{V_a}$
	F_{cr}/kN	Δ_{cr}/mm	F_y/kN	Δ_y/mm	F_p/kN	Δ_p/mm	F_u/kN	Δ_u/mm			
JD-1A	250.0	4.2	341.1	6.6	393.4	10.1	334.4	11.7	393.4	373.0	1.05
JD-1B	190.0	7.7	248.7	9.9	265.3	12.3	225.5	15.8	265.3	287.3	0.92
JD-2A	210.0	1.7	381.5	5.3	451.9	9.2	384.1	12.4	451.9	464.6	0.97
JD-2B	210.0	2.8	350.2	7.4	406.6	12.1	345.6	14.8	406.6	418.7	0.97
JD-2C	210.0	4.3	305.3	8.5	351.4	13.6	298.7	15.5	351.4	362.0	0.97
JD-3A	270.0	2.5	353.6	5.9	410.2	10.2	348.7	12.3	410.2	422.1	0.97
JD-3B	200.0	3.9	315.8	8.1	361.9	11.1	307.6	13.9	361.9	364.9	0.99
JD-3C	220.0	4.7	278.4	8.9	318.4	13.8	270.7	15.9	318.4	255.4	1.25
平均值	—	—	—	—	—	—	—	—	—	—	1.01
变异系数	—	—	—	—	—	—	—	—	—	—	0.10

四、数值模拟

（一）材料本构模型

混凝土采用塑性损伤模型，材料参数设置采用试验实测值。混凝土本构模型采用文献［51］中的单轴受压及受拉应力-应变曲线。基于混凝土单轴受压及受拉应力-应变关系曲线，采用归一化方法[52]计算混凝土受压和受拉塑性损伤因子。混凝土塑性损伤模型中主要参数取值：泊松比 0.2，膨胀角 30°，偏心率 0.1，双轴抗压强度与单轴抗压强度比值 1.16，拉伸与压缩子午面上第二应力不变量比值 K 为 0.667，黏性参数取值为 0.005。钢筋本构模型采用双折线模型，包括弹性段和强化段。强化段弹性模量取 $0.01E_s$，E_s为弹性模量，泊松比取 0.3。

（二）模型建立

（1）单元类型选取和网格划分。混凝土采用八节点线性六面体实体单元 C3D8R，钢筋采用两节点线性三维桁架单元 T3D2。采用中性轴算法进行网格划分。

（2）相互作用与约束。模型中上部墙体与加载梁、下部墙体与地梁的接触面设为绑定。设置参考点 RP-1、RP-2，分别与加载梁侧面、顶面耦合，用来承受竖向轴压力和水平力。齿槽与上、下墙体接触面设置为接触，新旧混凝土粗糙面的切向摩擦系数取 1.0，法向设置为“硬”接触。采用嵌入式约束将钢筋骨架嵌入整个模型，不考虑钢筋与混凝土之间界面滑移。

（3）加载方式和边界条件。除初始分析步外，创建两个分析步。初始步中将地梁底面完全固定，第一分析步中在参考点 RP-2 施加竖向集中力。第二分析步中在参考点 RP-1 设置水平位移控制。

最终建立的有限元模型如图 2-8 所示。

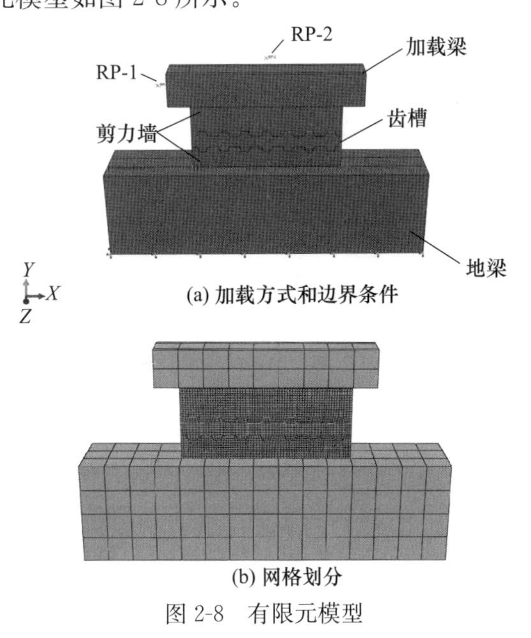

(a) 加载方式和边界条件

(b) 网格划分

图 2-8　有限元模型

（三）有限元分析与试验结果比较

（1）破坏形态

图 2-9 为试验和有限元模拟的各试件最终破坏形态对比图。由图可知，无暗柱情况下（试件 JD-1A、JD-1B），应力在齿槽接缝处沿斜压杆机制路径传递，裂缝主要在对角线受压一侧靠近对角线区域的齿槽内展开。有暗柱情况下（试件 JD-2A、JD-2B、JD-2C），应力沿墙体对角线区域传递，且轴压力越大越明显，裂缝基本分布于墙体对角线区域。轴压力较小时，应力在接缝处出现应力差，沿齿槽方向有少量水平裂缝，有限元模拟的破坏形态与试验结果基本吻合。

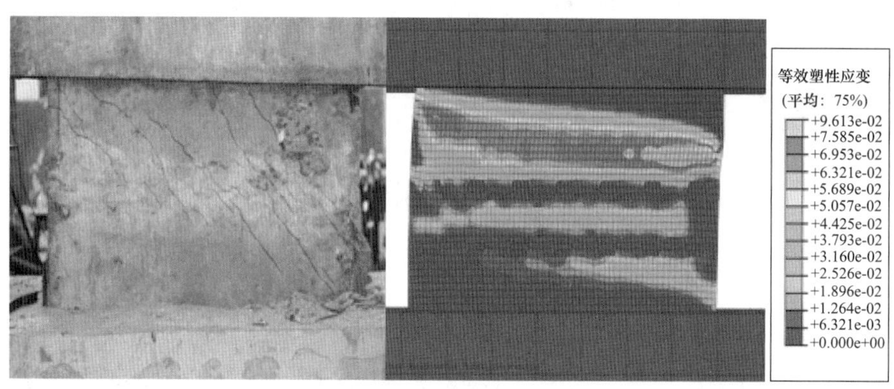

(a) 试件JD-1A

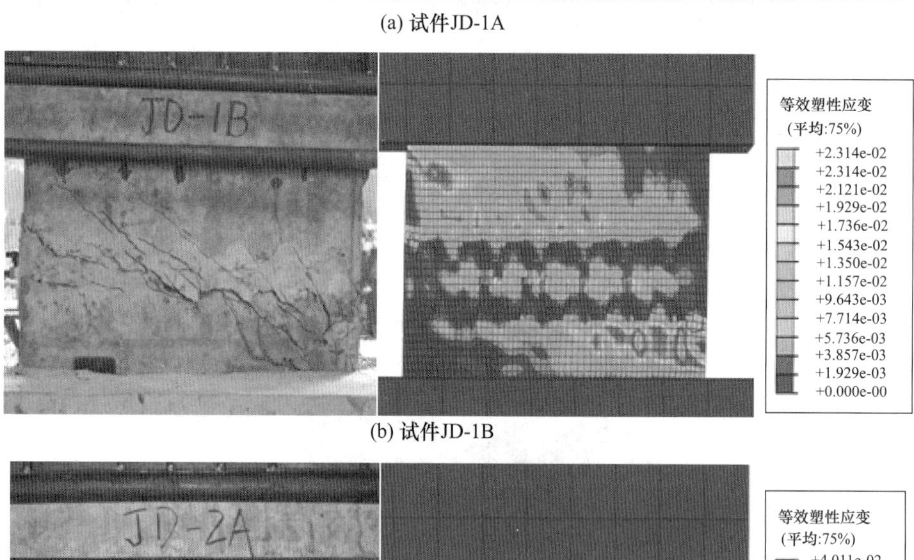

(b) 试件JD-1B

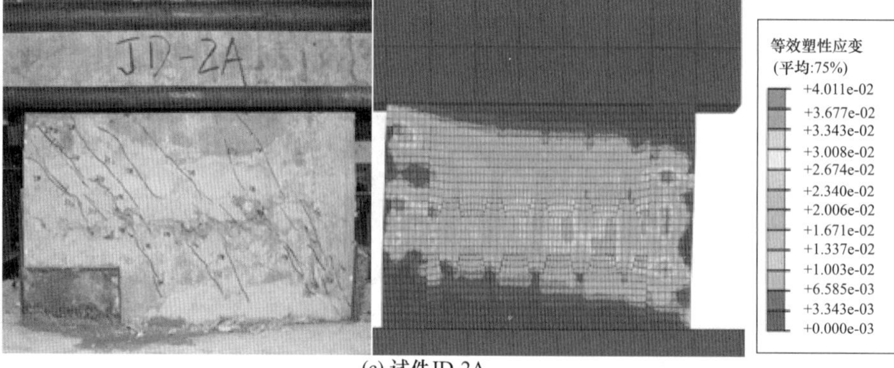

(c) 试件JD-2A

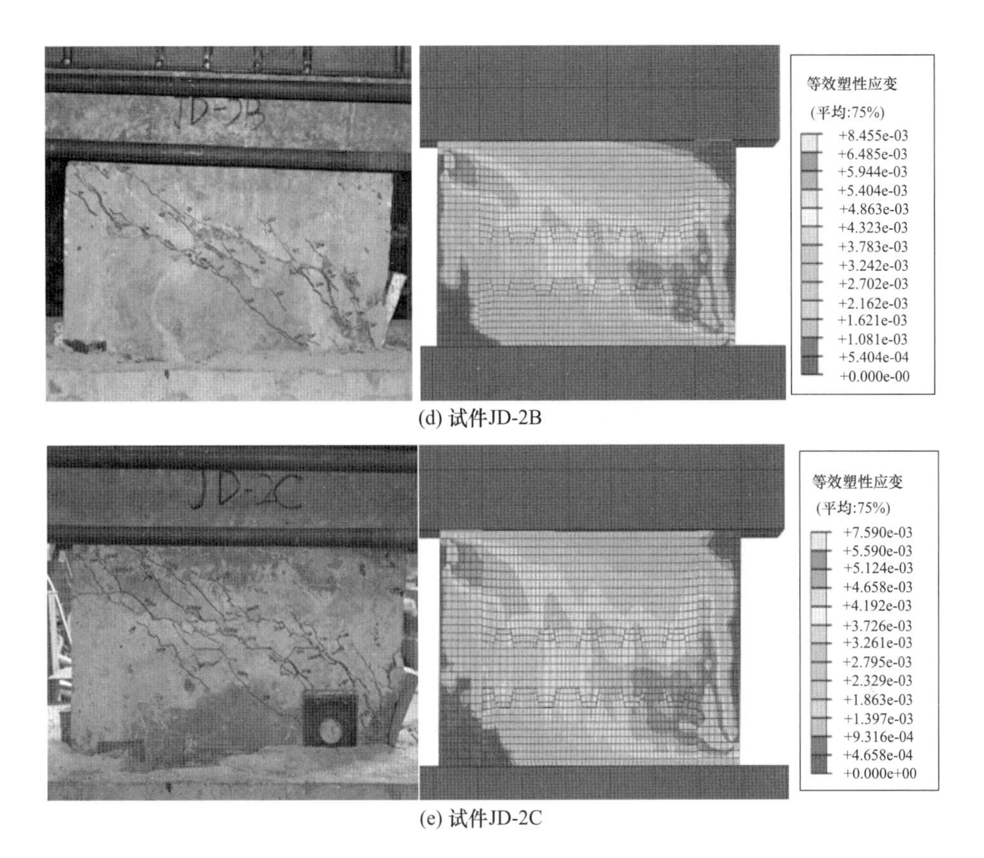

(d) 试件JD-2B

(e) 试件JD-2C

图 2-9 破坏形态对比

(2) 特征点荷载

表 2-5 给出了有限元分析结果和试验结果的对比。由表可知，有限元模拟的峰值荷载与试验结果对比的变异系数为 4%，屈服荷载与试验结果比值平均值为 0.96，屈服荷载采用 Park 法[53]确定。

表 2-5 有限元分析结果与试验结果比较

试件编号	P_y /kN	P_{max} /kN	$P_{y,s}$ /kN	$P_{max,s}$ /kN	V_a /kN	$\frac{P_{y,s}}{P_y}$	$\frac{P_{max,s}}{P_{max}}$	$\frac{P_{y,s}}{V_a}$
JD-1A	341.1	393.4	318.2	377.4	373.0	0.93	0.96	1.01
JD-1B	248.7	265.3	231.6	280.2	287.3	0.93	1.06	0.98
JD-2A	381.5	451.9	386.2	452.3	464.6	1.01	1.00	0.97
JD-2B	350.2	406.6	331.9	392.0	418.7	0.95	0.96	0.94
JD-2C	305.3	351.4	292.8	347.0	362.0	0.96	0.99	0.96
平均值	—	—	—	—	—	0.96	0.99	0.97
变异系数	—	—	—	—	—	0.03	0.04	0.03

（3）受剪机理分析

当轴压力较大时，墙体主要斜裂缝方向与主压应力方向一致，沿对角线方向形成整体斜压杆来抵抗水平剪力。当轴压力较小或有暗柱时，非对角区域齿槽内也有受剪作用。图 2-10 为有限元模拟应力传递方向与斜压杆机制对比。由图可知，混凝土斜压杆受剪机理较为明显。

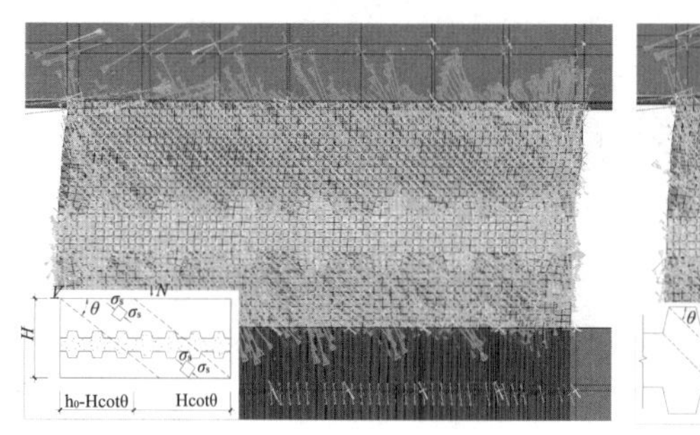

(a) 对角线方向斜压杆

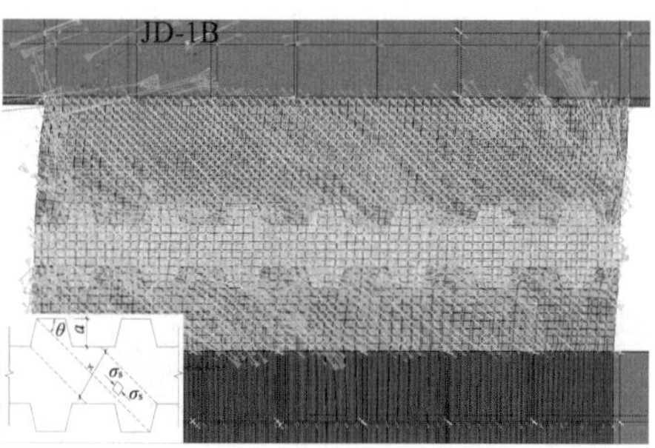

(b) 非对角线区域齿槽内混凝土斜压杆

图 2-10　受剪机理分析

（四）参数分析

以剪跨比、分布筋直径和加载方式为主要参数，进一步研究不同参数对齿槽式连接剪力墙受剪性能的影响。分析时以试件 JD-1B 为基准模型，具体参数设置见表 2-6。

表 2-6　有限元模型参数

序号	编号	轴压比	剪跨比	直径/mm	加载方式	备注
1	JD-1B	0.05	0.54	6	单调	基准模型
2	JD-1A	0.30	0.54	6	单调	对比验证
3	JD-2A	0.30	0.54	6	单调	
4	JD-2B	0.15	0.54	6	单调	
5	JD-2C	0.05	0.54	6	单调	
6	1B-4	0.05	0.68	6	单调	剪跨比
7	1B-5	0.05	0.83	6	单调	
8	1B-7	0.05	1.11	6	单调	
9	1B-R8	0.05	0.54	8	单调	搭接筋直径
10	1B-R10	0.05	0.54	10	单调	
11	1B-R12	0.05	0.54	12	单调	
12	1A-hys	0.30	0.54	6	往复	加载方式
13	1B-hys	0.05	0.54	6	往复	
14	2A-hys	0.30	0.54	6	往复	
15	2C-hys	0.05	0.54	6	往复	

（1）剪跨比

图 2-11 为有限元模拟的不同剪跨比剪力墙试件的荷载-位移曲线，图 2-12 为不同剪跨比试件在单向推覆加载下归一化的峰值荷载与屈服荷载。由图可知，随着剪跨比的增大，齿槽式连接剪力墙的受剪承载力逐渐降低，且剪跨比越大，受剪承载力下降越慢，逐渐趋于平缓。

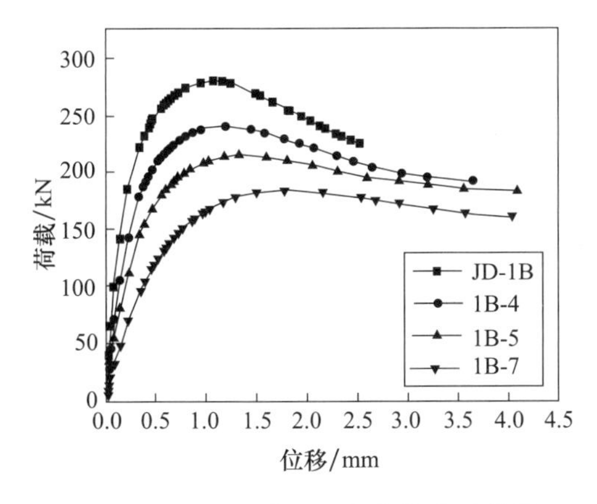

图 2-11　不同剪跨比试件荷载-位移曲线

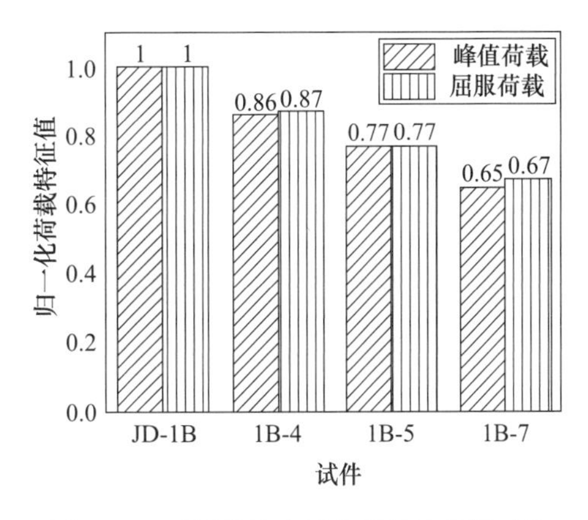

图 2-12　不同剪跨比试件荷载特征值对比

（2）分布筋直径

图 2-13 为不同直径的齿槽处竖向搭接筋下试件荷载-位移曲线。由图可知，仅改变搭接筋直径时，抗剪承载力随着钢筋截面面积的增加而小幅提高，分析其原因为齿槽接缝部位竖向搭接筋并未锚入下部墙体中，其销栓作用是在齿槽接缝部位上、下层墙体发生相对错位变形才有效，因而搭接筋的抗剪作用并未完全发挥，故设计时建议不考虑竖向搭接筋的贡献。

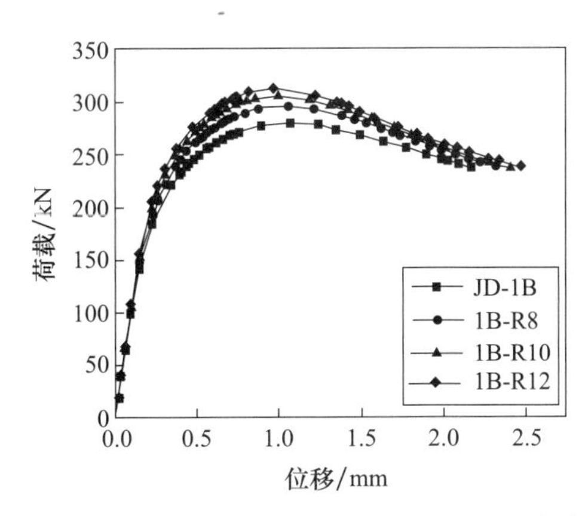

图 2-13　不同分布筋直径试件的荷载-位移曲线

（3）加载方式

循环往复荷载作用下，混凝土构件截面受剪承载力显著降低[54]，因此分析荷载加载方式对于齿槽式连接剪力墙的受剪性能影响很有必要。图 2-14 为试件在单调推覆与循环往复加载下的荷载-位移曲线对比。由图可知，相较于单调加载，往复荷载作用下达到峰值后墙体的刚度下降迅速，每个峰值位移点处承载力退化较快。其原因是混凝土材料承受往复荷载作用时的应变软化性能更加明显。相较于单向推覆，循环往复下峰值承载力降低10%左右。在循环往复荷载作用下，曲线下降段下降较快，刚度退化严重。

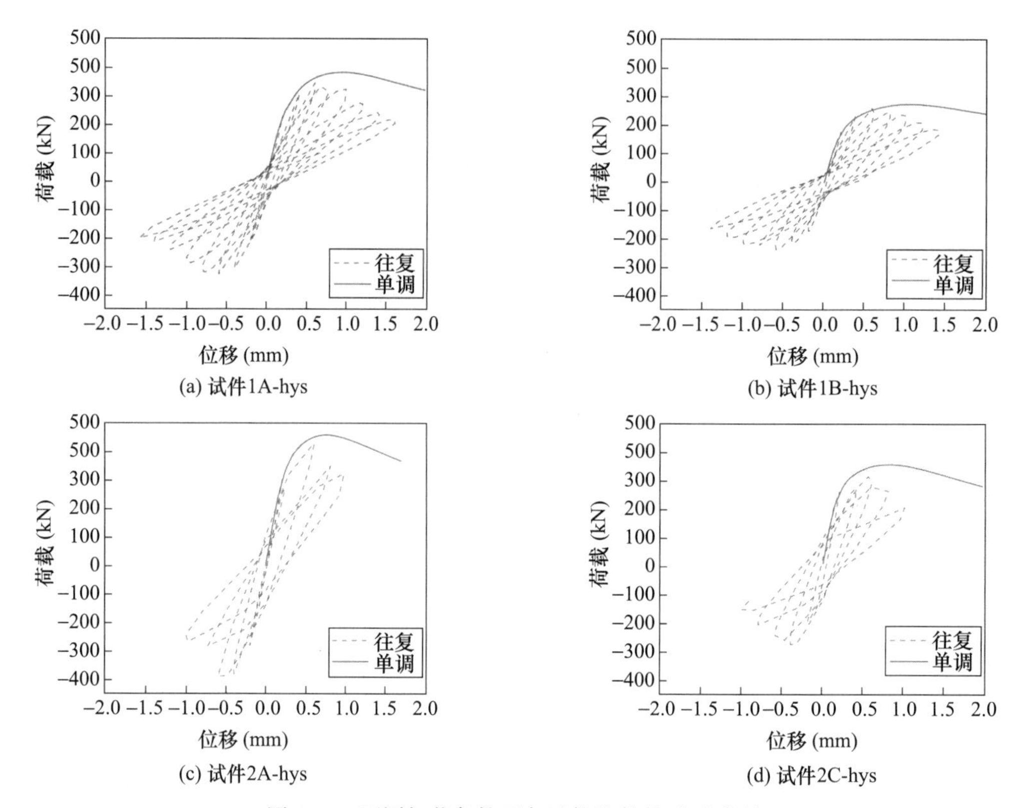

图 2-14　不同加载条件下各试件的荷载-位移曲线

五、受剪承载力计算

（一）基本假定

根据试验破坏现象，参考齿槽式连接相关研究[55]，装配式剪力墙齿槽式连接受剪承载力计算时，采用如下基本假定：

（1）水平剪力主要由墙体对角线区域的混凝土、非对角线区域齿槽内混凝土以及齿槽接触面压力摩擦、竖向接合钢筋及暗柱共同承担。

（2）最终破坏分为对角线方向的混凝土斜压杆压溃破坏和齿槽区域剪切破坏。

（3）最终破坏时水平分布钢筋不屈服，接缝区域的破坏应发生在试件整体破坏之前，忽略水平分布钢筋对受剪承载力的影响。

（二）受剪作用组成

（1）对角线区域混凝土斜压杆作用

从试验现象可知，轴压比较大的试件在最终破坏时，主要裂缝均沿对角线方向发展，墙体主要斜裂缝方向应与主压应力方向接近。试验过程中，斜裂缝主要分布在沿对角线方向的区域内，墙体在水平荷载作用下，沿对角线方向形成整体斜压杆以抵抗水平剪力，如图 2-15 所示。

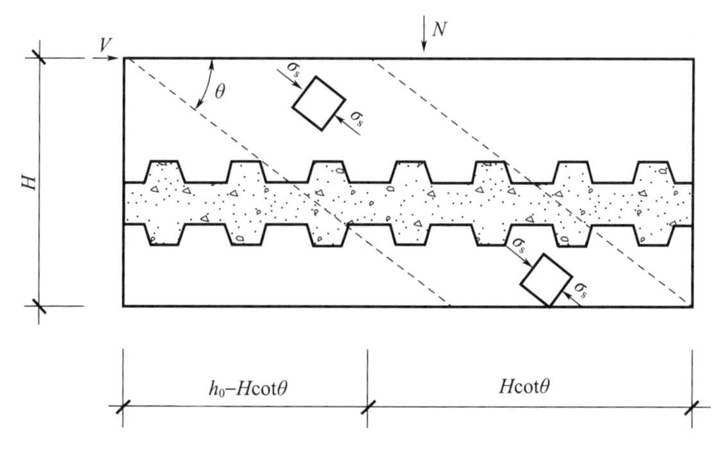

图 2-15 对角线方向的斜压杆

斜压杆中混凝土压应力 $\sigma_s=\gamma f_c$，其中，f_c为混凝土轴心抗压强度，γ 为考虑混凝土斜压杆受压开裂过程中的承载力折减系数。参考日本规范[56]取 $\gamma=0.7-f_c/200$。通过水平方向力的平衡，可得

$$V_{c1}=\sigma_s b(h_0-H\cot\theta)\cos\theta\sin\theta \tag{2-1}$$

式中，V_{c1}为混凝土斜压杆产生的剪力贡献；b、h_0、H 和 θ 分别为剪力墙的截面厚度、剪力墙截面有效宽度、剪力墙高度和斜压杆倾角。

通常斜裂缝角度不会超过 45°，本试验试件混凝土角度值为 35°～45°，故 θ 取值范围定为 35°～45°。

因此，将式（2-1）简化为

$$V_{c1}=0.49\gamma f_c bh_0\ (1-1.2\lambda) \tag{2-2}$$

（2）非对角线区域齿槽内混凝土斜压杆作用

水平荷载作用下，非对角线区域齿槽内混凝土会对墙体的受剪产生贡献。基于试验结果，对于设置暗柱的试件，考虑全部齿键间混凝土的受剪作用；对于未设置暗柱的试件，仅考虑受压齿键间混凝土的受剪作用。

非对角区域齿槽内混凝土斜压杆受力如图 2-16 所示。试验结果表明，试件破坏时，齿槽区域斜裂缝均较少，故认为混凝土强度折减系数 γ 较对角线方向混凝土有所提高，本书取 0.7～0.9。此外，为考虑群键作用的影响，对多个斜压杆共同作用下的剪力进行折减，群键共同工作系数 ζ 见表 2-7[57]，多个斜压杆共同作用下所承担的剪力为

$$V_{c2}=n_k\zeta\gamma f_c ab\cos^2\theta \tag{2-3}$$

式中，n_k、a 分别为齿槽的数量和齿键的高度；b 为剪力墙厚度。

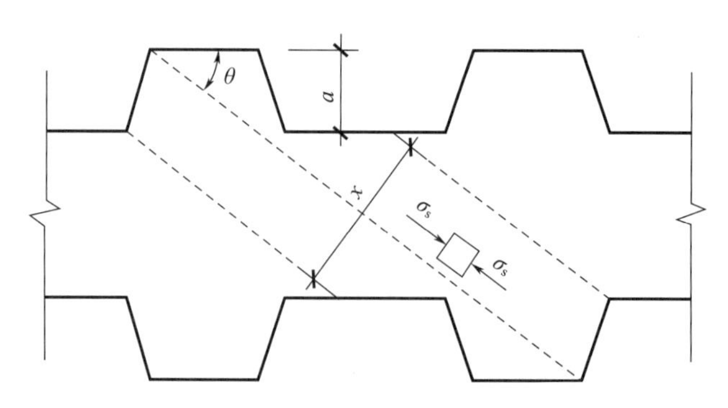

图 2-16 非对角线区域齿槽混凝土斜压杆

表 2-7 群键共同工作系数

n_k	1～2	3	4	≥5
ζ	1.00	0.85	0.75	0.67

（3）齿槽接缝摩擦作用

接缝处摩擦作用应根据实际情况考虑，当轴压力较大时，接缝处摩擦力会远大于水平荷载，不会发生因接合面摩擦力不足所导致的滑移破坏；当轴压力较小时，接缝部位的开裂会出现在整体破坏之前，最终破坏时，沿接缝部位出现贯通裂缝，导致承载力下降。

对于摩擦系数 μ 的取值，参照美国《ACI 建筑规范》（318－83）[58]，现浇混凝土 $\mu=1.4$，经过粗糙化处理的混凝土接触面 $\mu=1.0$，未经过处理的混凝土接触面 $\mu=0.6$，本书中混凝土接触面经过专门粗糙化处理，故取 $\mu=1.0$。

（4）齿槽接缝部位竖向搭接筋的销栓作用

当齿槽接缝部位发生错动时，摩擦不再对剪力有贡献，竖向搭接筋将提供剪力。竖向搭接筋能够起到抗剪作用的前提是齿槽接缝部位上、下层墙体具有相应的错位变形。因此，在设计时，须谨慎确定是否考虑竖向搭接筋的剪力贡献。

研究[59－60]表明：当钢筋在接近纯剪情况下达到屈服强度时，其受剪强度约为受拉屈服强度的 50%，竖向搭接筋所承担的剪力为

$$V_{c4}=0.5n_b f_y A_s \tag{2-4}$$

式中，n_b 为接缝部位竖向搭接筋根数；f_y、A_s 分别为竖向搭接筋的受拉屈服强度和截面面积。

（5）墙端暗柱作用

墙端暗柱的作用体现在以下两方面：

1）暗柱的存在使接缝部位的混凝土斜压杆作用更明显，位于斜裂缝受拉一侧混凝土斜压杆也具有抗剪作用。

2）暗柱可作为受压构件参与抗剪，计算方法参照《混凝土结构设计规范》（GB 50010—2010）（2015 年版）中关于受压混凝土斜截面抗剪承载力的计算方法。

（6）轴压力

《混凝土结构设计规范》（GB 50010—2010）（2015 年版）中剪力墙受剪承载力计算

公式所采用的假定为：墙体形成弯剪斜裂缝的条件是验算截面以上 $h_0/2$ 处墙受拉边缘的拉应力达 $0.3f_c$。若考虑弯矩对截面的影响，计算截面竖向应力 $\sigma_y=0.3f_c$。试验中墙体剪跨比为 0.54，故计算墙体混凝土应力时不考虑弯矩对截面正应力的影响。

在剪应力及竖向应力共同作用下，主拉应力达到混凝土抗拉强度时会产生剪切斜裂缝，并且轴压力产生的竖向应力为 $\sigma_t=N/(bh_0)$，水平力产生的剪力为 $\tau_{xy}=1.5V/(bh_0)$。因此，混凝土的主拉应力为

$$\sigma_t=1.5\frac{V}{bh_0}-0.3\frac{N}{bh_0} \tag{2-5}$$

且

$$\sigma_t+\sigma_s=\sigma_y \tag{2-6}$$

由式（2-5）和（2-6），可求得混凝土单元主压应力为

$$\sigma_s=1.3\frac{N}{bh_0}-1.5\frac{V}{bh_0} \tag{2-7}$$

本书近似取斜压杆方向为混凝土主拉应力方向。

（三）受剪承载力计算式

在推导装配式剪力墙齿槽式连接受剪承载力计算式时，分为以下两种情况：

（1）当 $\sigma_t=f_t$ 时，若水平力 $V\geqslant\mu N$，则混凝土斜裂缝的出现滞后于齿槽接缝处裂缝的出现；若水平力 $V\leqslant\mu N$，则混凝土斜裂缝的出现将先于齿槽接缝处裂缝的出现。

（2）当 $\sigma_s=\gamma f_c$ 时，若水平力 $V\geqslant\mu N$，最终破坏时会出现沿齿槽界面的裂缝；若水平力 $V\leqslant\mu N$，破坏时不会产生沿齿槽界面的裂缝，而出现斜裂缝方向混凝土的压溃破坏。

综上所述，考虑不同轴压力及暗柱设置情况，装配式剪力墙齿槽式连接受剪承载力计算式为

$$V_u=\gamma_s V_{c1}+n_c V_{c2}+V_{c3}+n_s V_{c4}+V_{c5} \tag{2-8}$$

式中，γ_s 为对角线方向混凝土斜压杆有效宽度系数，当 $V_c>\mu N$ 时，$\gamma_s=0$；n_c 为对角线一侧混凝土斜压杆数量；$V_{c3}=\mu N_m$，其中 N_m 为对角线受压一侧齿槽接合面压力；n_s 为对角线区域及对角线受拉一侧齿槽内竖向接合筋根数，当 $V<\mu N$ 时，$n_s=0$；V_{c5} 为两端暗柱承担的剪力。采用《混凝土结构设计规范》（GB 50010—2010）（2015 年版）中的钢筋混凝土受剪承载力计算公式，V_{c5} 表达式为

$$V_{c5}=\frac{1.75}{\lambda+1}f_t bh_{z0}+f_{yv}\frac{A_{sv}}{s}h_{z0}+0.07N_z \tag{2-9}$$

式中，f_t 为混凝土的抗拉强度；h_{z0} 为截面的有效高度；f_{yv} 为箍筋的屈服强度；A_{sv} 为箍筋的截面面积；s 为箍筋间距；N_z 为轴向压力。

（四）受剪承载力试验结果与计算结果对比

由式（2-8）可计算得到齿槽式连接装配式剪力墙的受剪承载力，试验值和计算值及其两者的比较见表 2-4。经统计分析，V_t/V_a 的平均值为 1.01，变异系数为

0.10，表明所提出的受剪承载力计算式与试验值吻合较好。上述提出的受剪承载力计算式未考虑剪跨比的影响，对剪跨比较大的试件，其受剪承载力计算式有待进一步研究。

六、小结

（1）装配式剪力墙齿槽式连接的受剪破坏模式与轴压比、暗柱设置情况有关。轴压比较大时，齿槽接缝处基本无水平裂缝；轴压比较小时，齿槽接缝处水平裂缝开展充分。有暗柱试件，破坏时齿槽内混凝土斜裂缝均匀分布；无暗柱试件，破坏时齿槽内混凝土斜裂缝主要分布在对角线受压一侧。

（2）轴压比和暗柱设置是影响装配式剪力墙齿槽式连接受剪承载力的主要因素，增加轴压比和设置暗柱均可有效提高其受剪承载力。

（3）装配式剪力墙齿槽式连接的受剪作用包括墙体对角线方向斜压杆作用、非对角区域齿槽内混凝土的斜压杆作用、接合面摩擦作用、齿槽内搭接筋销栓作用，以及暗柱的抗剪作用。

（4）随着剪跨比的增大，齿槽式连接装配式剪力墙的受剪承载力降低。加载方式对齿槽式连接剪力墙受剪性能影响较大，峰值荷载降低约10%，后期刚度退化迅速。随着分布筋直径增大，受剪承载力提升幅度较小，这是由于小齿槽区域钢筋搭接属于自由搭接，不满足搭接长度要求，故增加钢筋直径对承载力的影响有限。设计时建议不考虑竖向搭接筋的销栓抗剪作用。

（5）基于试验结果，提出装配式剪力墙齿槽式连接受剪承载力计算式，试验值与理论值比值的平均值为1.01，变异系数为0.10，计算结果与试验结果吻合较好，所提出的受剪承载力计算式可较准确地预测装配式剪力墙齿槽式连接的受剪承载力，可为装配式剪力墙齿槽式连接设计提供参考。

第三节　复合齿槽连接装配式剪力墙受剪性能

一、试验概况

（一）试件设计

设计制作了三个足尺试件，试件编号分别为YZW-1、YZW-2、YZW-3，试件构造见图2-17，设计参数见表2-8。三个试件采用复合齿槽连接，大齿槽区域及小齿槽区域组成复合齿槽，大齿槽宽度为700mm，高度为230～260mm，小齿槽整体宽160mm，高度为150mm，顶部两侧为半径60mm的圆弧。试件由地梁、预制墙体、上部混凝土加载梁装配组成。试件尺寸：高1200mm，宽1500mm，厚度200mm，两侧为200mm宽现浇暗柱。

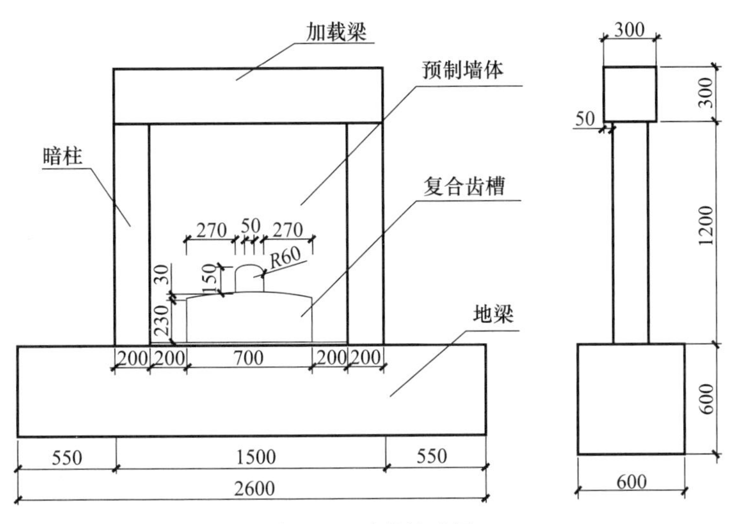

图 2-17 试件构造图

表 2-8 试件基本参数

编号	竖向分布钢筋连接方式	地梁插筋	抗剪形式	剪跨比	设计轴压比	墙体竖向配筋	墙体横向配筋	暗柱纵筋	暗柱箍筋
YZW-1	U 形筋搭接	Φ10	无 H 型钢	0.87	0.15	Φ10@200	Φ10@200	4Φ14	Φ8@150
YZW-2	U 形筋搭接	Φ16	无 H 型钢	0.87	0.15	Φ10@200	Φ10@200	4Φ14	Φ8@150
YZW-3	U 形筋搭接	Φ10	加 H 型钢	0.87	0.15				

试件分两批浇筑混凝土，第一批浇筑地梁和预制墙体，第二批浇筑复合齿槽、暗柱及加载梁，新旧混凝土结合面进行凿毛处理，后浇复合齿槽区域采用 C35 混凝土，其余部位采用 C30 混凝土。预制墙体分布钢筋为 Φ10@200，双层双向布置，预制墙体中布置的竖向钢筋为 U 形钢筋，底部与地梁 U 形插筋扣合锚固连接，后浇暗柱纵向受力钢筋为 4Φ14，箍筋为 Φ8@150，现浇暗柱纵向受力钢筋与预埋在地梁中插筋搭接连接，搭接长度为 500mm，试件配筋图如图 2-18 所示。

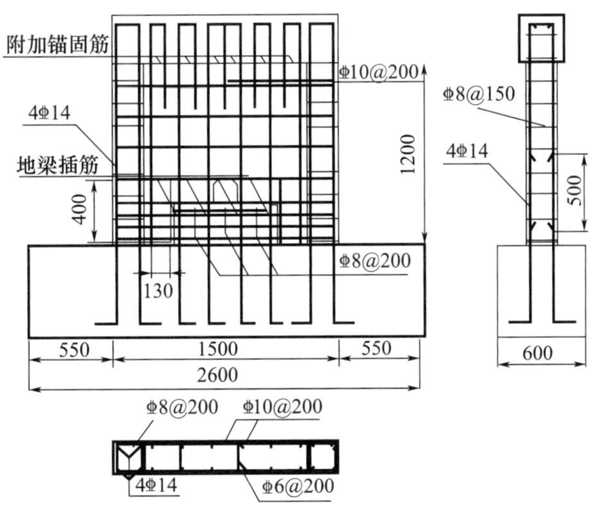

图 2-18 试件配筋图

三个试件两侧暗柱插筋均为 4ф14，不同之处为复合齿槽现浇区域的构造连接形式不同。如图 2-19（a）所示，试件 YZW-1 地梁处 U 形插筋直径为 10mm，试件 YZW-2 地梁处 U 形插筋直径为 16mm，如图 2-19（b）所示；试件 YZW-3 地梁处 U 形插筋直径为 10mm，并预埋 H 型钢抗剪键，如图 2-19（c）所示。三个试件 U 形插筋伸出地梁长度均为 240mm，H 型钢预埋 240mm，伸出地梁 160mm。试件制作过程如图 2-20 所示。

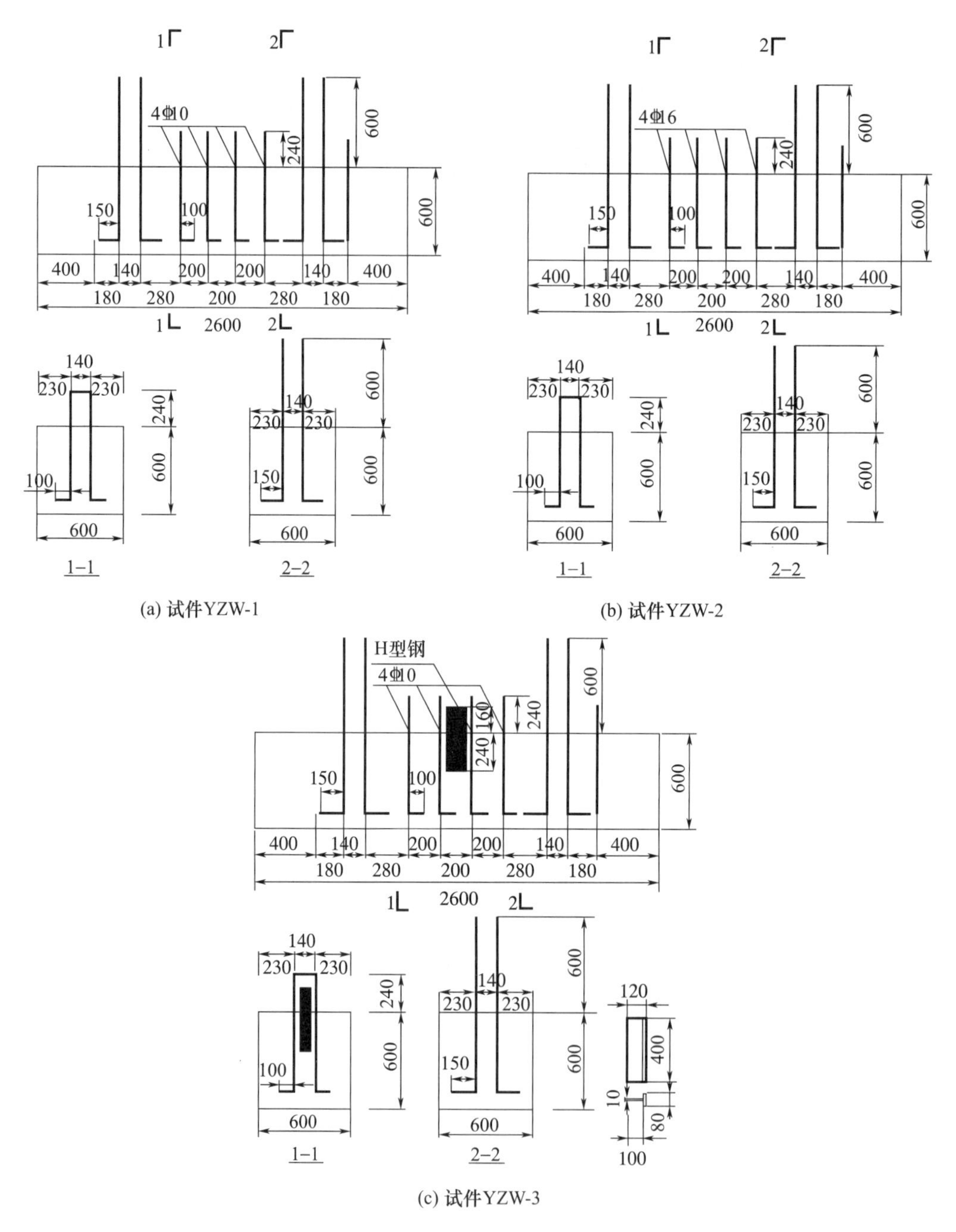

图 2-19　地梁插筋

(a) 钢筋绑扎

(b) 混凝土浇筑

(c) 吊装及二次浇筑

(d) 制作完成

图 2-20 制作过程

（二）材料力学性能

钢筋采用 HRB400 级钢筋，单向拉伸试验得到的实测材料性能见表 2-9。对两次混凝土浇筑时制作的混凝土立方体标准试块进行抗压强度试验，第一批混凝土立方体标准试块抗压强度平均值为 42.0MPa，第二批混凝土立方体标准试块抗压强度平均值为 41.4MPa，C35 混凝土立方体标准试块抗压强度平均值为 46.9MPa。

表 2-9 钢筋材料性能

直径/mm	屈服强度/MPa	抗拉强度/MPa
8	461.8	630.6
10	442.9	710.4
14	453.4	579.2
16	456.2	602.1

（三）加载装置及加载制度

试验加载装置如图 2-21 所示，竖向加载采用 1000kN 液压千斤顶，竖向轴压力为 640kN，试验过程中保持竖向轴压力恒定。采用 1000kN 的水平作动器施加单调水平荷载，水平力加载采用荷载-位移控制，水平荷载在达到峰值前采用荷载控制，每级施加水平荷载大小为 50kN，峰值后采用位移控制，每级加载位移为 5mm。正式加载前进行预加载，以测试试验设备仪器能否正常工作，施加的荷载不超过开裂荷载计算值的30%。当试件破坏严重或者施加的水平荷载下降到水平荷载最大值的85%以下时，停止试验。

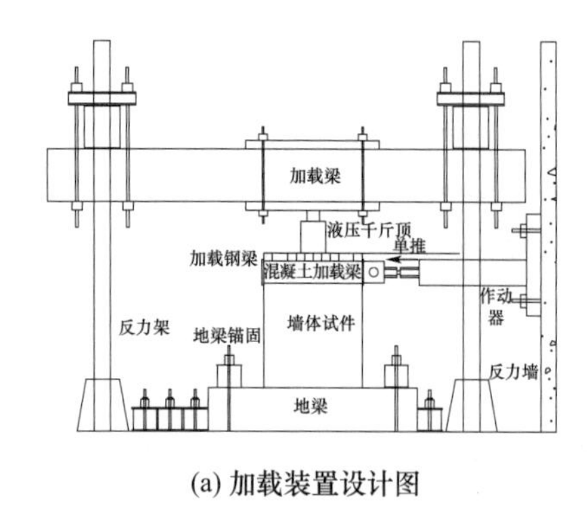

(a) 加载装置设计图

(b) 现场加载装置

图 2-21　加载装置及加载现场

（四）测点布置及量测内容

每个试件布置五个位移传感器，如图 2-22 所示。在加载梁中部，布置位移传感器 W-1，测量预制墙体顶部位移值。位移传感器 W-2 布置在预制墙体中间，测量墙身位移值。位移传感器 W-3、W-4 布置在地梁两侧，垂直于地梁竖向布置，测量地梁在试验过程中的转动位移。位移传感器 W-5 水平布置在地梁一侧，测量地梁在加载过程中的滑移情况。

钢筋应变片布置在预制墙体及暗柱距地梁 310mm 处（1—1 截面）和距地梁 140mm 处（2—2 截面）以及距地梁 20mm 处（3—3 截面）的竖向钢筋上，如图 2-23（a）所示。试件 YZW-1、试件 YZW-2 钢筋应变片的布置及编号详如图 2-23（b）所示，试件 YZW-3 钢筋应变片的布置及编号详如图 2-23（c）所示，编号数值小的一端为靠近作动器的一侧。

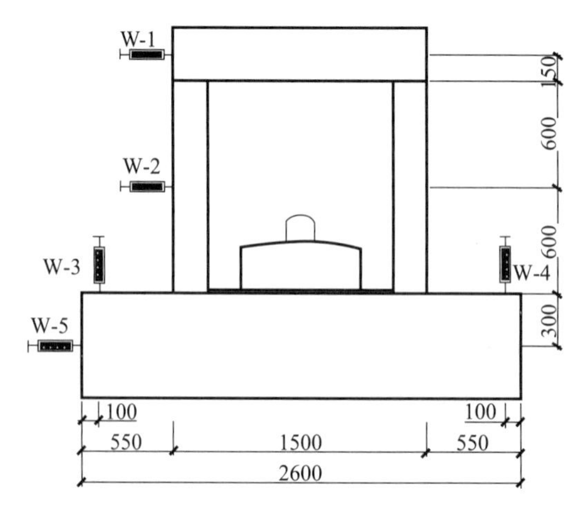

图 2-22　位移计布置图

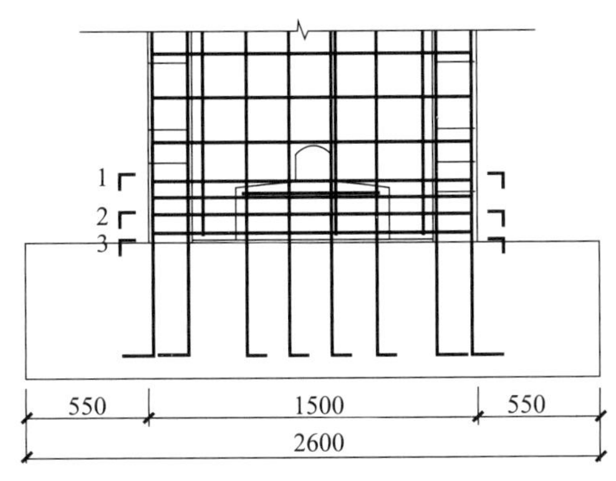

(a) 截面位置

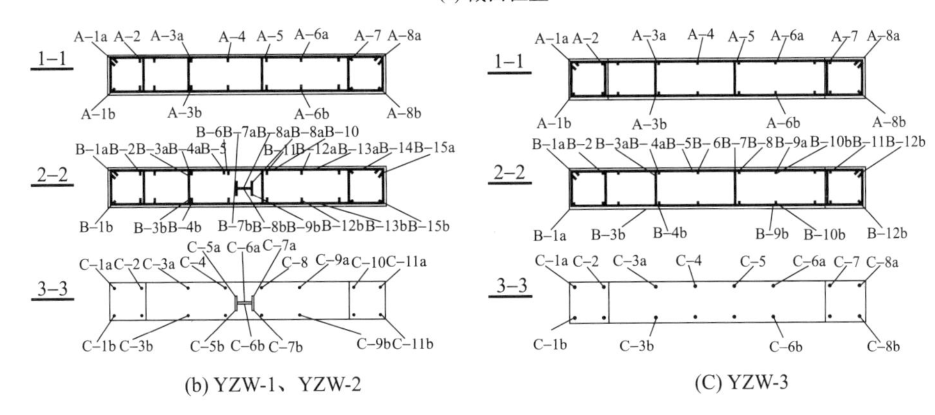

(b) YZW-1、YZW-2

(C) YZW-3

图 2-23　应变片布置

二、试验现象及破坏形态

（一）试件 YZW-1

水平荷载达到 285kN 时，右侧暗柱距地梁 190mm 高处出现一条 280mm 长斜裂缝，大致呈 45°。继续加载至 300kN 时，暗柱距地梁 280mm 高处出现一条新裂缝，大致平行于首条裂缝。在两条裂缝上部墙身处发展一条裂缝延伸至暗柱端部。

水平荷载达到 350kN 时，出现一条由齿槽左侧端部发展延伸至暗柱的剪切斜裂缝，同时在暗柱中部出现三条大致水平短裂缝，在暗柱根部出现一条延伸至墙体与地梁接缝处的斜裂缝。加载至 380kN 时，右端暗柱外侧纵筋底部受拉屈服。

水平荷载达到 450kN 后，原有裂缝继续发展，新裂缝不断增加，在对角线区域新增一条由暗柱上部发展斜向延伸至复合齿槽上部的一条长裂缝。暗柱处新增三条水平裂缝，墙体与地梁接缝处新增一条水平裂缝。

水平荷载达到 550kN 时，无新裂缝出现，原有裂缝延伸，墙体与地梁接缝处裂缝长度继续发展至齿槽左侧，宽度约为 2mm。水平荷载达到 650kN，墙体裂缝布满对角线以下区域。

水平荷载达到 750kN 时，承载力未到达峰值荷载，无新裂缝出现，墙体与地梁结合面处水平裂缝宽度增加至 10mm，受压侧混凝土脱落。水平力加载至 773.4kN 时，承载力达到峰值，右侧暗柱竖向钢筋根部拉断，左侧暗柱底部的混凝土压碎破坏，试件破坏严重且水平荷载下降，试验结束，最终破坏形态和裂缝分布如图 2-24（a）所示。

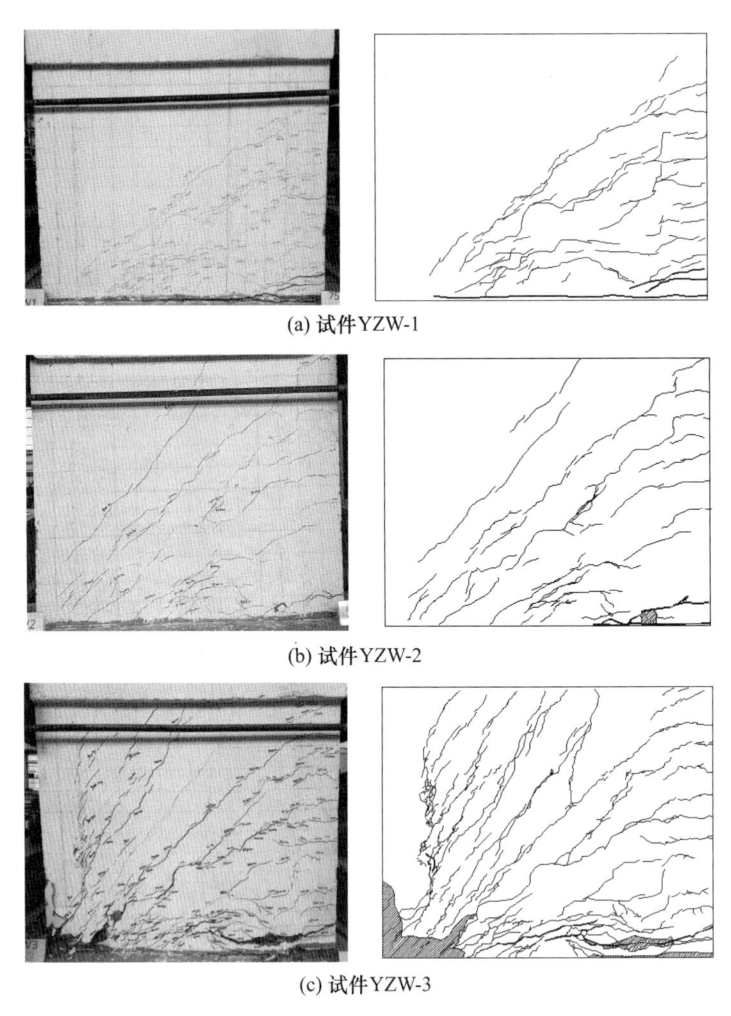

(a) 试件YZW-1

(b) 试件YZW-2

(c) 试件YZW-3

图 2-24　破坏形态和裂缝分布

（二）试件 YZW-2

水平力达到 290kN 时，在预制墙体底部出现首条裂缝。加载至 398kN 时，在整个墙身区域出现一条斜裂缝，由暗柱上部发展，延伸至复合齿槽左侧端部。加载至 432kN 时左端暗柱外侧纵向受力钢筋底部受拉屈服。

水平荷载达到 600kN 时，在距地梁 400mm 高处，暗柱端部出现一条延伸至复合齿槽中部的斜向长裂缝，大致呈 35°角。首条出现的裂缝继续发展，延伸至暗柱侧面，形成一条贯通裂缝。暗柱底部与地梁接缝处新增一条水平裂缝，长度约为 200mm。

水平荷载达到 650kN 时，在墙体的中间位置新增一条呈 45°角的裂缝，加载到 700kN 时，斜裂缝两端继续发展，形成一条对角线斜裂缝，由右边暗柱最上端延伸至左边暗柱最底端。

水平荷载达到 900kN 时，许多短小细裂缝分布在原有旧裂缝周围，基本无新裂缝出现，裂缝布满对角线以下区域，对角线以上区域只有一条斜向裂缝。水平荷载继续加载至 950.3kN 时，右侧暗柱根部贯通裂缝的宽度达到 5mm，部分混凝土已经剥落，暗柱底部水平裂缝宽度增大，形成一条水平通缝，试件破坏严重且水平荷载下降，试验结束，最终破坏形态和裂缝分布如图 2-24（b）所示。

（三）试件 YZW-3

水平荷载达到 272kN 时，混凝土开始出现细小裂缝，一条裂缝位于右侧暗柱根部位置，呈 35°斜向发展，另外两条裂缝分别分布在复合齿槽顶部接缝处及大齿槽右侧顶部接缝处，沿接缝大致水平方向发展。水平荷载继续加载，达到 300kN 时，灌料口顶部接缝处和大齿槽左侧顶部继续出现两条新裂缝。

水平荷载达到 370kN 时，右端暗柱外侧纵筋底部受拉屈服。荷载达到 450kN 时，已有裂缝继续发展延伸，新裂缝继续出现。墙身与地梁接缝处出现水平裂缝，由暗柱端部延伸到复合齿槽中部。

水平荷载达到 600kN 时，裂缝充分发展，布满对角线以下区域，在复合齿槽中部新增了多条与其他斜裂缝反向发展的斜裂缝，考虑是由于 H 型钢抗剪键的作用，提供抗剪承载力与混凝土挤压形成的裂缝。墙体与地梁结合面处裂缝继续发展，裂缝已经形成通缝，墙身被抬起 5mm。

水平荷载达到 700kN 时，左侧暗柱底部少量混凝土压碎。水平荷载达到 800kN 时，对角线以上区域，继续在长裂缝周围新增多条细小裂缝。右侧暗柱根部贯通裂缝宽度增加至 5mm，且开展延伸至复合齿槽中部。水平通缝宽度增加至 8mm。左侧暗柱根部混凝土被压碎脱落，周围布满细小裂缝。

水平荷载达到 900kN 时，在对角线以上区域，沿暗柱与预制墙体的竖向接缝处新增多条几乎垂直的竖向短小裂缝，左侧暗柱底部混凝土压碎脱落面积增大。水平荷载加载至 925.3kN 时，达到最大值，裂缝充分发展，布满整个墙身。左侧边缘柱的底部混凝土完全被压溃剥落，钢筋露出。靠近右侧暗柱根部的墙身混凝土脱落，钢筋露出。试件破坏严重且水平荷载下降，试验结束，最终破坏形态和裂缝分布如图 2-24（c）所示。

（四）破坏形态

三个试件的裂缝发展历程基本相同，初始裂缝均在第六级加载过程中发展，且分布在右侧暗柱根部周围，继续加载，右侧暗柱中部出现多条大致水平裂缝，在墙身对角线区域发展一条大致呈 45°的剪切斜裂缝，随着水平荷载的增大，已有裂缝继续发展延伸，新的裂缝不断发展，右侧边缘柱的裂缝由水平向变为倾斜开展延伸的剪切裂缝，布满墙身对角线以下区域。

试件 YZW-1 的裂缝布满墙身对角线以下区域后，在墙身对角线以上区域，无新裂缝继续发展，最终破坏形态表现为右侧暗柱纵向受力钢筋被拉断，墙身与地梁接缝处的水平缝为主裂缝，左侧暗柱底部混凝土少量压碎剥落。

试件 YZW-2 最终破坏形态接近试件 YZW-1 的破坏形态，墙身对角线以下区域布满裂缝，墙身与地梁接缝处水平缝为主裂缝，不同的是在墙身对角线以上区域，发展了两条斜向发展的裂缝。

试件 YZW-3 最终破坏形态不同于其他两个试件，在裂缝布满墙身对角线以下区域后，水平荷载继续增加，在墙身对角线以上区域新增多条大致呈 65°的斜裂缝，周围布满细小裂缝，加载至 900kN 时，沿左侧暗柱与预制墙体接缝处发展许多竖向短小裂缝。最终破坏形态表现为：裂缝充分发展，布满墙身，左侧暗柱底部的混凝土完全压溃脱落，暗柱纵筋和箍筋外露。齿槽右侧混凝土脱落，钢筋外露，分析原因是 H 型钢抗剪键与混凝土挤压造成。

三、试验结果及分析

（一）荷载-位移曲线

各试件荷载-位移曲线如图 2-25 所示。对比分析 YZW-1、YZW-2 两个试件的荷载-位移曲线，可知增大穿过混凝土结合面的钢筋直径可有效提高试件的抗剪承载力，且抗剪刚度明显提高。

对比试件 YZW-1 和 YZW-3 的荷载-位移曲线可知，在试件 YZW-1 达到峰值荷载前，两者的荷载-位移曲线走向几乎重合，刚度接近，YZW-3 的峰值荷载和极限位移远大于试件 YZW-1，增加 H 型钢抗剪键可有效提高抗剪承载力和极限变形能力。

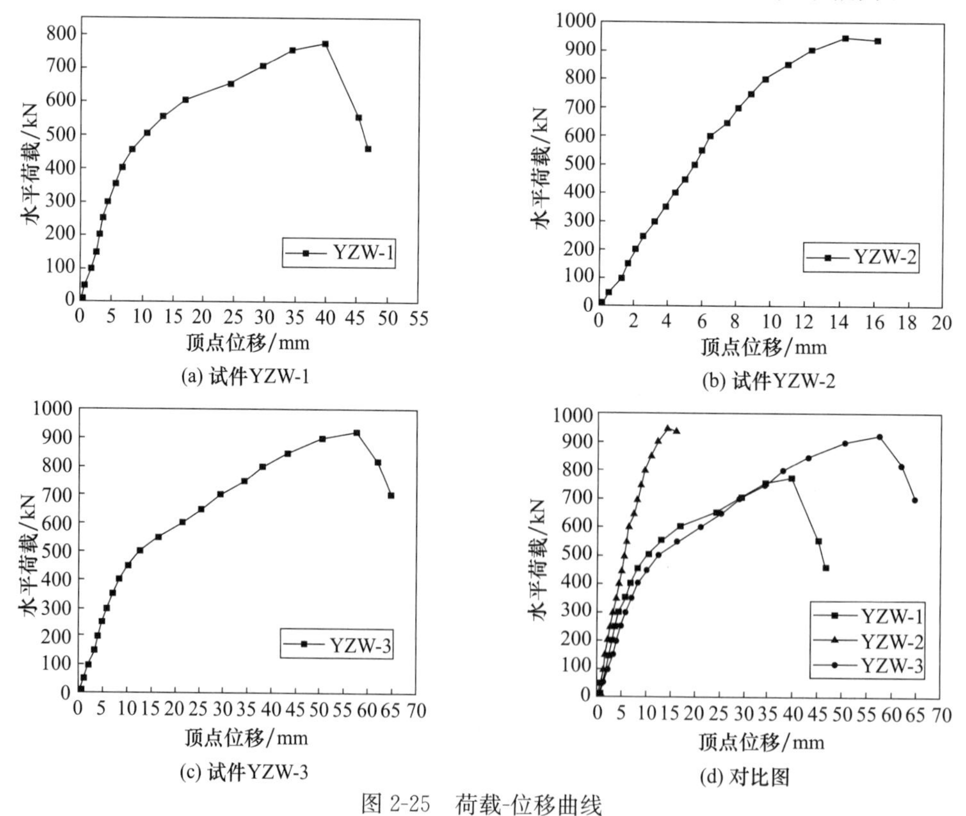

图 2-25 荷载-位移曲线

（二）各阶段特征值

表 2-10 中列出了各个阶段的荷载、位移及层间位移角。F_{cr}、Δ_{cr}分别为试件开裂时的荷载和位移；F_y、Δ_y分别为试件的屈服荷载和屈服位移；F_p、Δ_p分别为试件的极限荷载和极限位移；F_u、Δ_u分别为试件破坏时的荷载和位移；θ为各阶段对应的层间位移角。由表可知，三个试件的开裂荷载没有明显区别，相较于试件 YZW-1，试件 YZW-2、试件 YZW-3 的峰值荷载分别提高了 22.9%、19.6%，试件 YZW-1、YZW-3 破坏时对应的层间位移角分别为 1/31、1/21，试件 YZW-3 的极限变形能力有所提高。

表 2-10 各阶段荷载及位移特征值

编号	开裂点			屈服点			峰值点			破坏点		
	F_{cr} /kN	Δ_{cr} /mm	θ	F_y /kN	Δ_y /mm	θ	F_p /kN	Δ_p /mm	θ	F_u /kN	Δ_u /mm	θ
YZW-1	285	4.15	1/325	625.5	20.91	1/65	773.4	39.34	1/34	657.4	43.9	1/31
YZW-2	290	2.82	1/479	850.4	11.10	1/122	950.3	14.36	1/94	940.4	16.1	1/84
YZW-3	272	5.91	1/228	802.5	38.65	1/35	925.3	57.97	1/23	786.5	63.4	1/21

（三）钢筋及 H 型钢应变

图 2-26 为试件 YZW-1 的地梁 U 形筋和预制墙体竖向筋在同一截面位置的钢筋应变曲线。钢筋应变走向基本一致，表明采用 U 形筋搭接，上下层钢筋应力可以可靠传递。

图 2-27 为 H 型钢抗剪键腹板两个方向的应变曲线，在顶点水平位移 37mm 之前，H 型钢腹板没有产生很大的应变，C6b 下受拉，C6b 中受压。继续施加荷载，C6b 下开始由受拉转变为受压，顶点水平位移增加到 57mm 时，型钢腹板受压屈服。

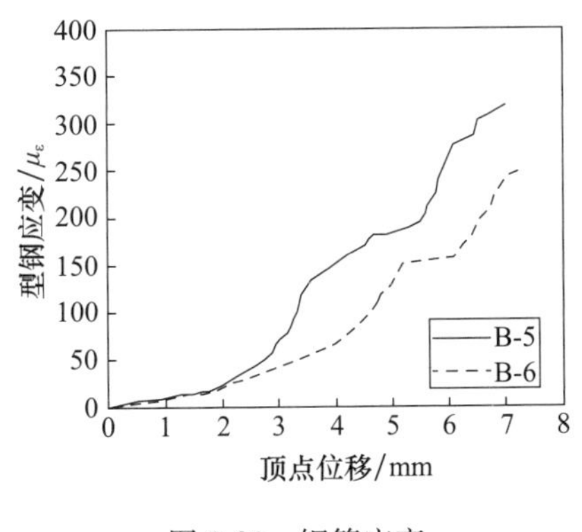

图 2-26 钢筋应变

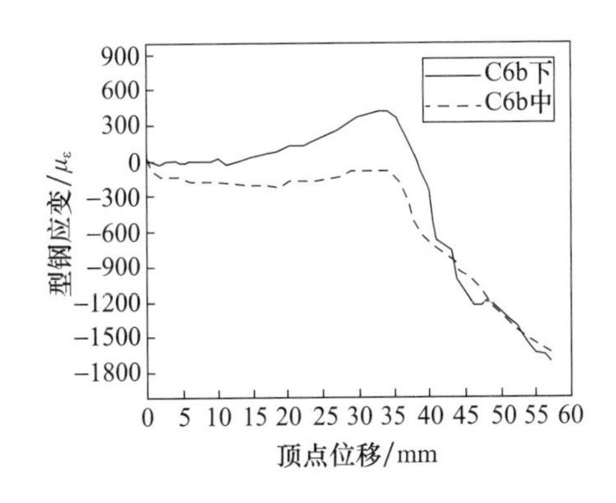

图 2-27 H 型钢应变

四、数值模拟分析

基于试验结果，通过有限元软件 Abaqus 建立三个复合齿槽连接装配式剪力墙的有限元模型，分析增大穿过混凝土结合面的钢筋面积以及在混凝土结合面位置增加 H 型钢抗剪键对抗剪承载力的影响。

（一）材料本构模型

钢筋采用双折线弹性强化模型本构关系，屈服强度根据钢筋材料实测值确定。采用混凝土损伤塑性模型，该模型可考虑混凝土材料的弹性为各向同性且线性的行为，通过塑性损伤来反映混凝土在单轴拉伸、压缩状态下的性能。混凝土塑性损伤模型中主要参数取值：泊松比 0.2，膨胀角 30°，偏心率 0.1，双轴抗压强度与单轴抗压强度比值 1.16，拉伸与压缩子午面上第二应力不变量比值 K 为 0.667，黏性参数取值为 0.005。

（二）模型建立

（1）单元类型选取和网格划分。混凝土部分采用 C3D8R 三维实体单元模拟，钢筋采用两节点线性三维桁架单元 T3D2。采用中性轴算法进行网格划分。

（2）相互作用与约束。根据试验实际情况设置模型的边界条件及接触关系。为模拟装配式剪力墙各个构件间的结合面连接，现浇连接区域、预制墙体和地梁之间设置“面与面接触”连接，法向接触属性选用“硬”接触，在接触面受到压力时，接触面之间能够传递的压力没有限制，当接触面没有压力时，不存在约束作用，允许产生分离。切向接触属性采用摩擦公式——罚函数来定义，通过摩擦系数的大小来反映接触面之间的切向作用。

（3）加载方式和边界条件。第一步分析，将地梁底端设置为固定端，约束持续至加载结束。在混凝土加载梁上施加均匀的压力，作用持续至模拟试验结束。第二步分析，在加载梁右边侧面的中间部位布置一个参考点 RP1，并通过相互作用中的约束耦合将其与加载梁侧面作用在一起，在参考点 RP1 上施加水平方向的单调荷载，加载制度采用位移控制。最终建立的有限元模型如图 2-28 所示。

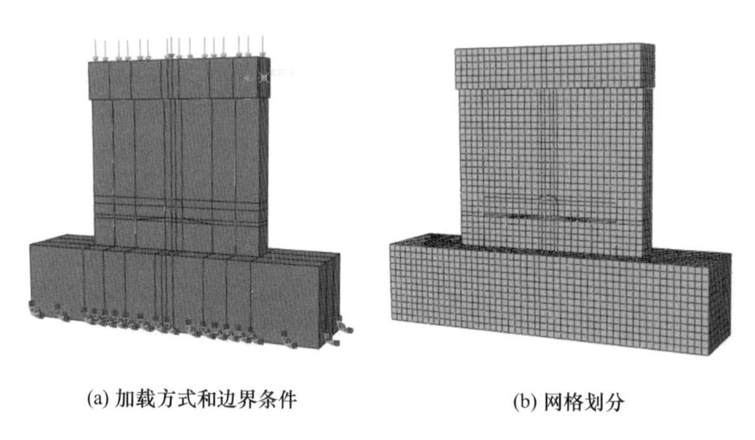

(a) 加载方式和边界条件　　(b) 网格划分

图 2-28　试件有限元模型

（三）有限元分析与试验结果比较

（1）破坏形态

图 2-29 为试验和有限元模拟的各试件最终破坏模式对比图。通过有限元分析得到的损伤云图、应力云图与试验的破坏现象进行对比，可知三个试件数值模拟的损伤云图与试验过程中的裂缝发展历程接近，均是在右侧暗柱根部位置混凝土首先破坏，继续加载，右

侧暗柱外侧纵向筋底部受拉屈服。三个试件模拟的最终破坏形态表现为左侧暗柱根部混凝土压缩损伤严重，钢筋受压屈服，右侧暗柱及部分预制墙体与地梁分离，建立的模型可以较为准确地反映出试件在单向推覆荷载作用下的受力性能。H型钢的模拟结果与试验实测结果相似，应力主要集中在新旧混凝土结合面处的腹板部位，最终表现为腹板受压屈服，型钢抗剪作用发挥比较充分。综上所述，有限元模拟的破坏形态与试验结果基本吻合。

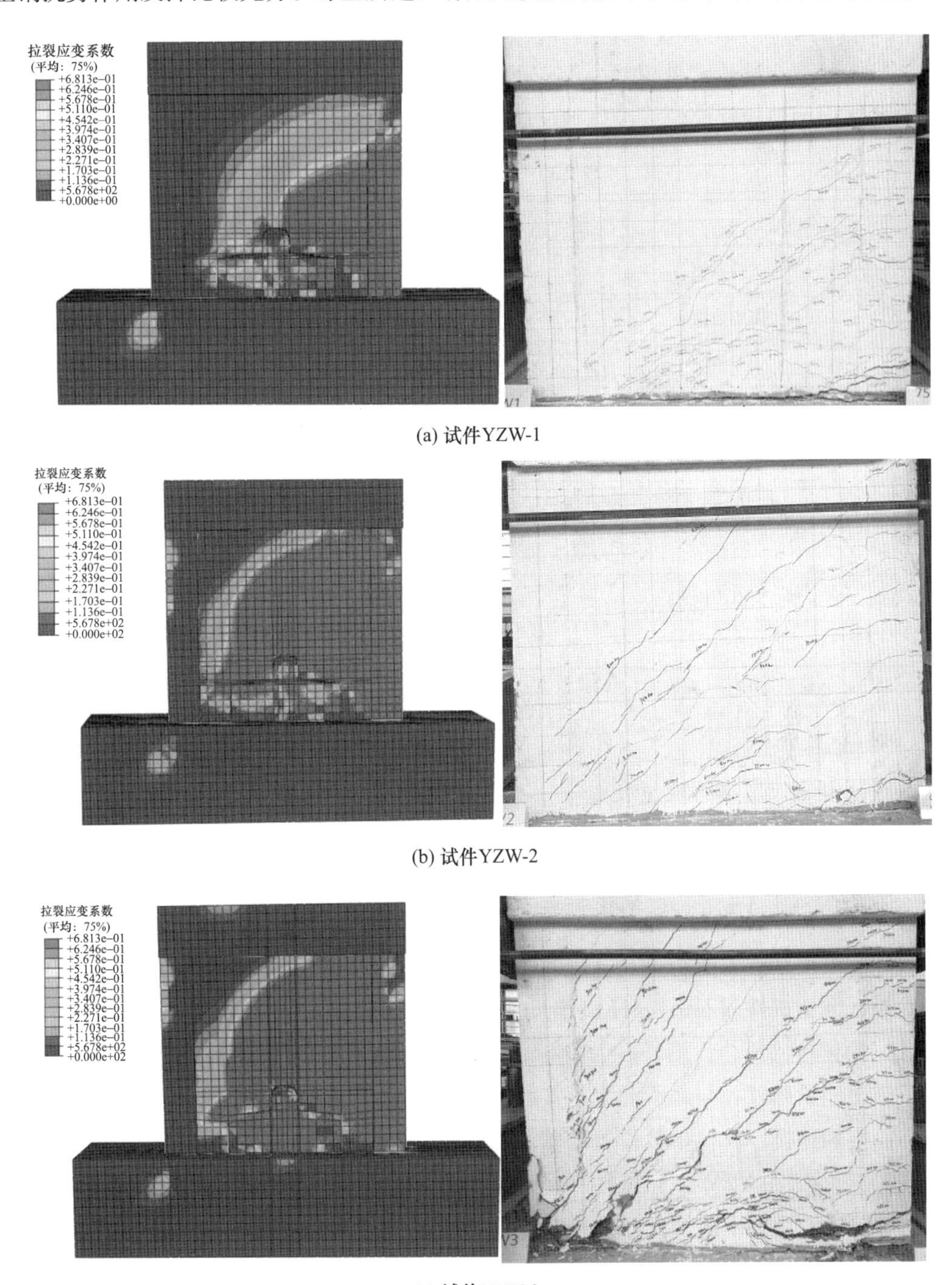

(a) 试件YZW-1

(b) 试件YZW-2

(c) 试件YZW-3

图 2-29　破坏形态对比

（2）荷载特征值

表 2-11 中列出了数值模拟与试验加载在各个阶段的荷载特征值以及之间的差值。由表可知，各阶段荷载的模拟结果与试验结果相接近，试件 YZW-1 峰值承载力为 863.4kN，试验结果为 773.4kN，相差 11.6%；试件 YZW-2 峰值承载力为 987.7kN，试验结果为 950.3kN，相差 3.9%；试件 YZW-3 峰值承载力为 949.8kN，试验结果为 925.3kN，相差 2.6%。除了试件 YZW-1 屈服荷载与试验结果相差为 18.4%，其峰值荷载、极限荷载与试验结果相差小于 15%，其余各个数值相差均在 5%以内，表明所建立的有限元模型建模能够较为准确地反映试件的受力性能。

表 2-11　荷载特征值对比

编号		F_y/kN	F_p/kN	F_u/kN
YZW-1	试验数据	625.5	773.4	657.1
	模拟数值	740.5	863.4	723.8
	差值	18.4%	11.6%	10.2%
YZW-2	试验数据	850.4	950.3	940.4
	模拟数值	849.3	987.7	834.6
	差值	−0.13%	3.9%	—
YZW-3	试验数据	802.5	925.3	786.5
	模拟数值	775.5	949.8	805.1
	差值	−3.4%	2.6%	2.4%

注：差值=（模拟数值−试验数值）/试验数值×100%。

（四）参数分析

（1）H 型钢抗剪键腹板宽度

试验与有限元模拟分析结果表明，增加穿过混凝土结合面的钢筋截面面积和 H 型钢抗剪键能够有效地提高试件的极限抗剪承载力。增加 H 型钢抗剪键的试件 YZW-3 的最终破坏状态下，H 型钢表现为结合面处腹板受压屈服，考虑在 H 型钢不屈服的情况下，试件的极限承载力能否提高，因此，与试件 YZW-3 作为对比，模拟设计了增加 H 型钢腹板宽度的试件 YZW-4，H 型钢尺寸为 240mm×80mm×10mm，预埋地梁长度为 240mm，预留伸入复合齿槽长度为 160mm。H 型钢的相互作用设置与试件 YZW-3 保持一致，预埋地梁部分，与地梁混凝土接触面绑定连接，伸入复合齿槽部分，与混凝土采用面与面接触连接。其他参数设置同试件 YZW-3。

图 2-30 为试件 YZW-3 和试件 YZW-4 的曲线对比。从图中可以看出，两曲线在前期线弹性阶段及后期下降段几乎重叠，两个试件的刚度大致相同，极限变形能力接近，试件 YZW-4 的峰值荷载为 965kN，试件 YZW-3 的峰值荷载为 949.8kN，峰值荷载提高了 1.6%，极限承载力没有明显提高。

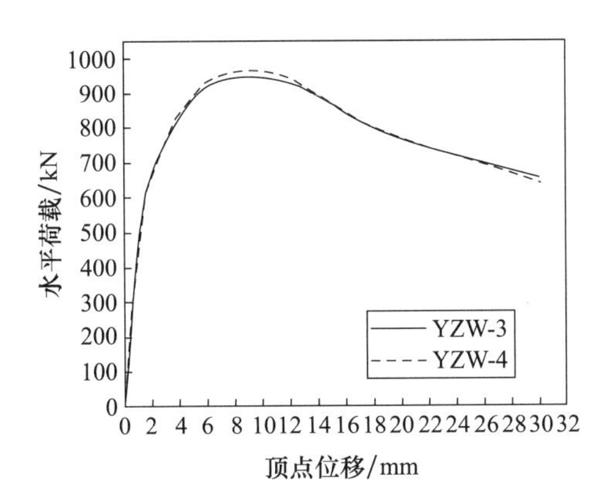

图 2-30 试件 YZW-3、YZW-4 曲线对比

（2）轴压比

轴压比对于试件的受力性能有着重要影响，试验及有限元模拟的设计轴压比均为 0.15，施加的轴压力为 640kN，分析以试件 YZW-1、YZW-2、YZW-3 为基础，设计三个设计轴压比为 0.2 的模型，分别为试件 YZW-5、YZW-6、YZW-7，施加竖向轴压力为 860kN。

图 2-31 为试件 YZW-1、试件 YZW-5 的曲线对比图。从图中可以看出两条曲线都经历了前期线弹性阶段、屈服阶段、下降阶段，水平荷载达到 350kN 之前，两条曲线几乎重合，表现为刚度接近，继续加载，试件 YZW-5 的抗侧移能力高于试件 YZW-1，且极限抗剪承载力为 890.3kN，相较于试件 YZW-1 的极限抗剪承载力 863.4kN，提高了 3.1%。峰值荷载后，试件 YZW-5 表现为刚度退化加快，延性较差。

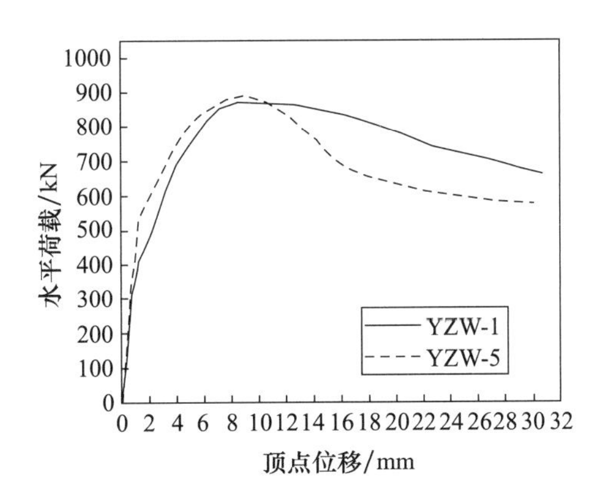

图 2-31 试件 YZW-1、YZW-5 的曲线对比

图 2-32 为试件 YZW-2 与试件 YZW-6 的曲线对比图。在水平荷载达到 300kN 之前，曲线几乎重合，刚度一致，随着荷载的增加，轴压比大的试件 YZW-6 表现出具有更大的刚度，试件 YZW-6 的峰值荷载达到了 1060.5kN，相较于试件 YZW-2 提高了 7.4%。

图 2-33 为增加 H 型钢抗剪键的试件 YZW-3 与试件 YZW-7 的荷载-位移曲线对比

图。轴压比的增大对于试件在曲线上升阶段的刚度及试件的峰值荷载没有产生较大影响，试件的峰值荷载为960.5kN，相比较试件YZW-3，提高了1.1%。峰值荷载后，轴压比越大，延性越差，刚度退化越快。

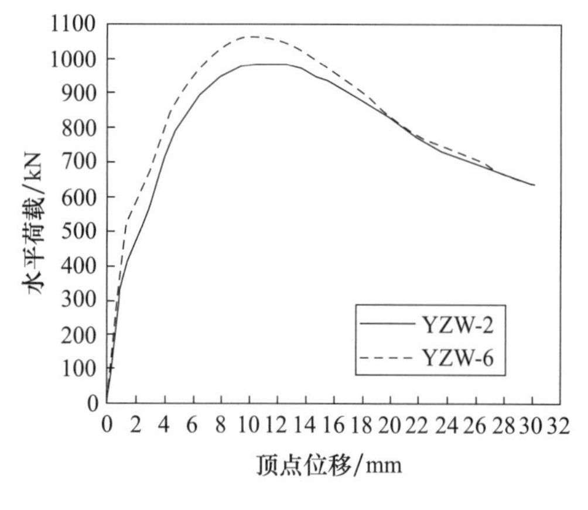

图 2-32　试件 YZW-2、YZW-6 的曲线对比

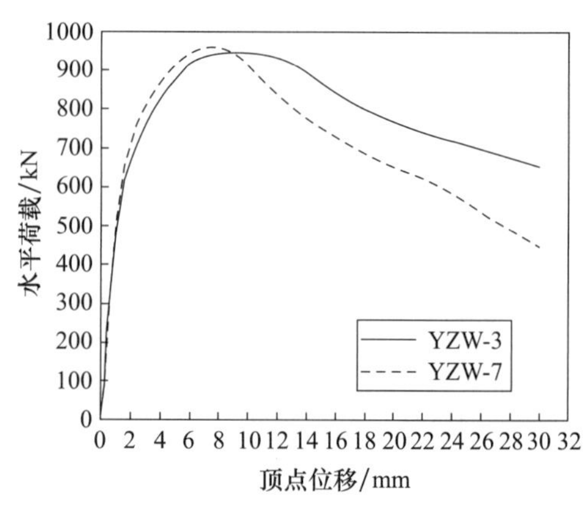

图 2-33　试件 YZW-3、YZW-7 的曲线对比

（五）小结

（1）三个试件最终破坏形态：墙体裂缝均布满对角线以下区域，试件YZW-2对角线以上区域发展两条裂缝，试件YZW-3对角线以上区域裂缝发展充分，导致三个试件最终破坏的主裂缝是预制墙体与地梁接缝处的水平裂缝，三个试件均表现为右侧暗柱纵筋受拉屈服甚至断裂，左侧暗柱底部混凝土压碎脱落。

（2）三个试件开裂荷载分别为285kN、290kN、272kN，增加钢筋截面面积和H型钢抗剪键对试件开裂荷载没有明显影响。右侧暗柱纵筋受拉屈服时试件YZW-1、YZW-2对应的水平荷载分别为380kN、432kN，导致试件最终破坏的主裂缝，即预制墙体与地梁接缝处的水平裂缝出现时，试件YZW-1、YZW-2对应的水平荷载分别为450kN、600kN，增加钢筋截面面积延缓了暗柱纵筋的屈服和主裂缝的发展。

（3）试件YZW-1、YZW-2、YZW-3的峰值承载力分别为773.4kN、950.3kN、925.3kN，试件YZW-2峰值承载力提高了22.9%，试件YZW-3的峰值承载力提高了19.6%。因复合齿槽内钢筋搭接满足搭接锚固长度要求，增加钢筋截面面积和H型钢抗剪键均可以有效提高抗剪承载力。相较于试件YZW-1，试件YZW-2的刚度明显提高。试件YZW-1、YZW-3破坏时对应的层间位移角分别为1/31、1/21，试件YZW-3的极限变形能力有所提高。

第三章　齿槽连接装配式剪力墙抗震性能研究

第一节　概　述

装配式剪力墙齿槽式连接是通过在预制墙板底部预留齿槽后浇区，上层预制墙板U形竖向分布钢筋与下层预制墙板顶部伸出的U形筋在齿槽区域相互扣合后锚固在混凝土中的一种新型连接方式，其整体受力性能和抗震性能可“等同于”现浇混凝土剪力墙。本章开展了齿槽式连接装配式剪力墙的系列抗震性能试验研究，对其抗震性能指标、连接节点抗震机理以及压弯承载力等进行深入研究，揭示其地震损伤机制，为其在地震区的应用提供试验和理论依据。

第二节　小齿槽连接装配式剪力墙抗震性能

一、试验概况

（一）试件设计

试验共制作三个剪力墙试件，试件由墙体、顶部加载梁及地梁组成。墙体尺寸为2800mm×1400mm×160mm；加载梁截面尺寸为250mm×250mm；图3-1为试件立面图。

墙体竖向与水平分布钢筋均为ф8@200；墙顶与加载梁之间设置5ф8的附加锚固筋；墙体两侧设置200mm宽的暗柱，配置4ф16竖向钢筋和ф8@150箍筋。三块试件的暗柱竖向钢筋均贯通连接，主要区别在于试验墙体的加工方法以及墙体竖向分布钢筋在齿槽连接部位的连接方式。试件CW-1为现浇试件，墙体的竖向分布钢筋贯通连接，墙体、暗柱、加载梁和地梁浇筑成整体，竖向分布钢筋均锚入地梁中［图3-2（a）］。试件PW-1和PW-2为预制试件，将墙体的端部做成齿槽状，通过齿槽区域后浇混凝土将上下预制墙体连为一体，两侧暗柱与齿槽区域一同后浇。试件PW-1在齿槽区域竖向分布钢筋全部截断［图3-2（b）］，试件PW-2在齿槽区域竖向分布钢筋自由搭接［图3-2（c）］，钢筋自由搭接长度为25d。

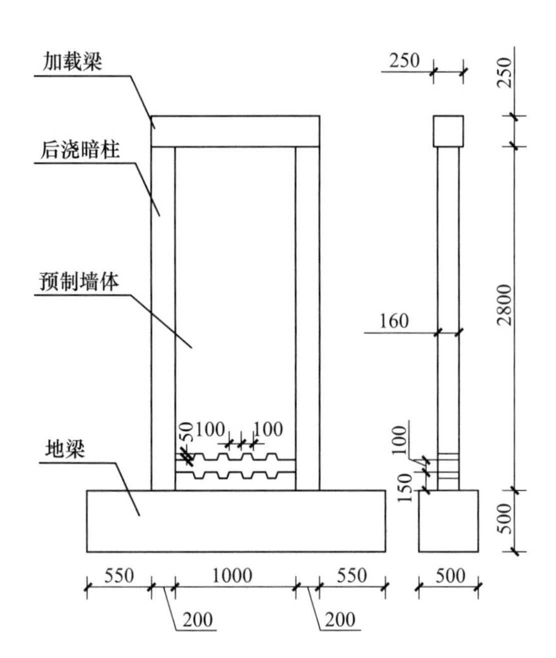

图 3-1　试件立面图

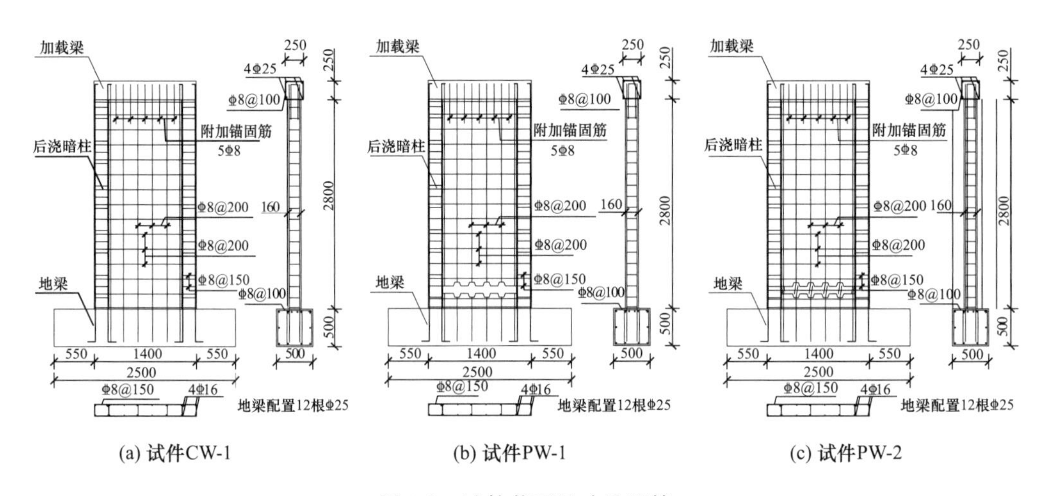

(a) 试件CW-1　(b) 试件PW-1　(c) 试件PW-2

图 3-2　试件截面尺寸及配筋

（二）材料力学性能

表 3-1 为钢筋屈服强度和抗拉强度实测值。表 3-2 给出了根据标准[61]要求测得的混凝土立方体试块 28d 龄期抗压强度平均值。

表 3-1　钢筋强度实测值

直径/mm	屈服强度/MPa	抗拉强度/MPa
8	398.14	475.27
16	490.11	589.26

表 3-2 混凝土抗压强度实测值

试件编号	预制混凝土/MPa	后浇混凝土/MPa
CW-1	43.21	—
PW-1	39.51	44.73
PW-2	47.56	40.44

（三）加载方案

如图 3-3 所示，加载梁上部和一端各采用一台 1000kN 液压千斤顶，分别施加轴压力和往复水平力。水平千斤顶端部装有荷载传感器，量测水平力的大小，水平力加载位置距地梁顶面距离为 2925mm。

试验时首先施加轴压力，试验过程中保持不变。试验轴压比为 0.15，施加轴压力为 650kN。然后施加往复水平力：先加推力，定义为正向加载；后加拉力，定义为反向加载。试件屈服前，采用荷载控制，分五级加载，分别为 50kN、100kN、150kN、200kN 和 300kN，每级荷载循环一次；屈服后，采用位移控制，每级位移循环加载两次。

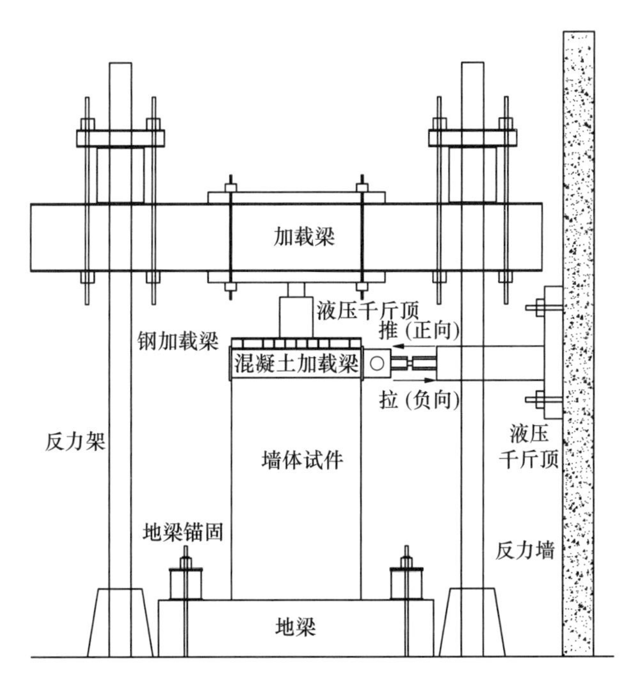

图 3-3 试验装置加载示意图

（四）量测内容和测点布置

各试件的位移计布置相同，共六个位移计，如图 3-4（a）所示。墙体平面内从上至下布置五个位移计，最高处的位移计距地梁顶面为 2925mm，其余四个位移计距离地梁顶面距离依次为 2200mm、1400mm、600mm 和 200mm。地梁的远端在与墙体的位移计同一条直线上布置了一个位移计，量测地梁的位移。

用应变片量测竖向钢筋的应变，各试件钢筋应变片布置相同，如图 3-4（b）所示，每个试件设置24个应变片。为研究预制墙体齿槽区域竖向分布钢筋的应力应变，在竖向分布钢筋（单面）距地梁顶面50mm和300mm处布置应变片；在墙体暗柱的竖向钢筋（两端最外侧各两根及两端内侧单面各一根），距离地梁顶面50mm和300mm处分别设置应变片。

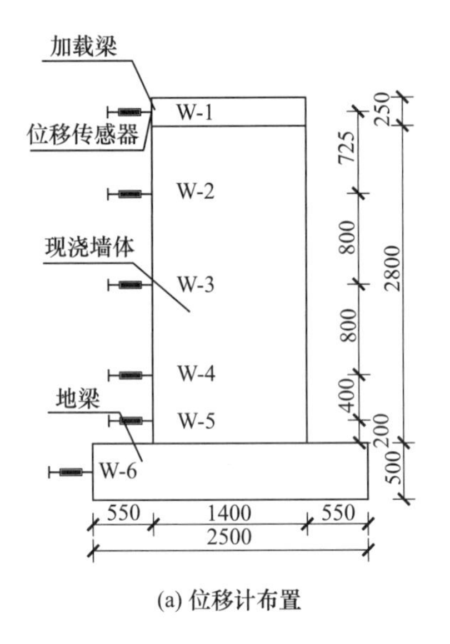

(a) 位移计布置

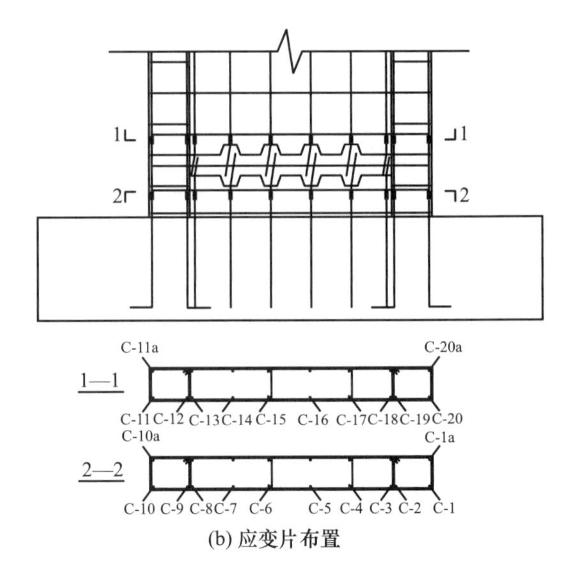

(b) 应变片布置

图3-4　位移计及应变片布置图

二、试验现象及破坏形态

CW-1在加载过程中，当水平力达到149.98kN时，墙体背部在距离地梁顶面约270mm处出现第一条裂缝。随着水平力的增大，剪力墙从下至上出现多条水平裂缝，已有裂缝在水平方向不断向墙体内部延伸扩展，随后沿墙体斜向下发展。水平位移为6.48mm，水平力为283.42kN时，暗柱的最外侧竖向钢筋受拉屈服，墙体背面中上部出现大致呈45°延伸的斜裂缝。水平位移为32mm时，墙底主裂缝宽4mm，受压侧边缘混凝土保护层剥落严重，承载力基本保持不变。水平位移达60mm（位移角为1/49）时，水平力下降明显，距地梁顶面30mm处贯通产生一条宽12mm的水平裂缝，两端混凝土压溃，暗柱最外侧纵向钢筋压屈，墙体破坏严重，试验结束［图3-5（a）］。

PW-1在加载过程中，当水平力达到138.00kN时，墙体中部距离地梁顶面350mm后浇齿槽接缝处出现第一条水平裂缝，裂缝长度大约为20mm。随着水平力不断增大，两端暗柱出现多条水平裂缝，裂缝不断斜向下延伸。当水平位移达到6.57mm时，水平力为277.10kN，暗柱最外侧竖向钢筋受拉屈服，墙上出现多条水平裂缝，部分斜向发展，地梁顶面齿槽处裂缝发展明显，宽度达到0.7mm。水平位移为32mm时暗柱角部受压区竖向裂缝发展明显，混凝土面层有剥落趋势，墙体与地梁交界面主裂缝宽度达到2.5mm。水平位移达60mm时，地梁顶面裂缝宽度已达10mm，两端暗柱角部混凝土均严重压溃，试验结束［图3-5（b）］。

PW-2 在加载过程中，当水平力达到 149.26kN 时，在墙体受拉侧暗柱底部出现第一条裂缝。在水平力增加过程中，在距离地梁高 300～700mm 范围内，水平裂缝不断增长并向墙体内侧延伸。当水平位移为 6.30mm，水平力达到 285.18kN 时，后浇暗柱竖向钢筋受拉屈服，墙上出现多条水平裂缝，地梁顶面与地梁的交界面裂缝发展明显。水平位移为 40mm 时，沿齿槽底部裂缝完成贯通，两端暗柱角部混凝土开始剥落，竖向钢筋压弯屈服，墙体中部范围内的弯剪斜裂缝交会于中心，形成菱形剪切块体，墙体正面底部的混凝土已经剥落。水平位移为 60mm 时，墙体与地梁交界面的主裂缝宽度达 6mm，两端暗柱角部混凝土均被压溃，暗柱内外侧四根纵向钢筋均受压弯曲，试件破坏严重，试验结束［图 3-5（c）］。

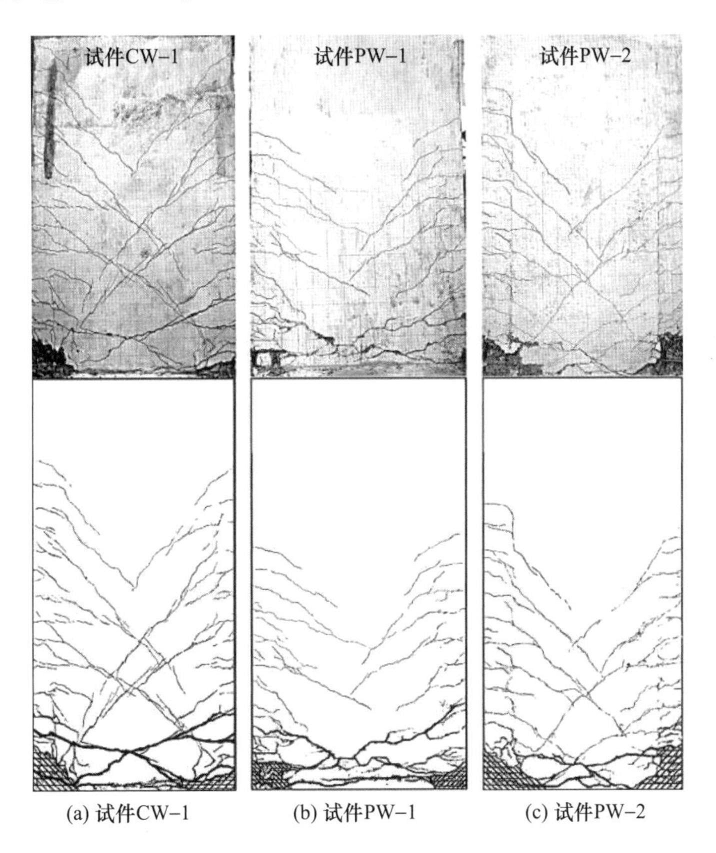

(a) 试件CW-1　(b) 试件PW-1　(c) 试件PW-2

图 3-5　最终破坏形态和裂缝分布

三、试验结果与分析

（一）滞回曲线与骨架曲线

如图 3-6、图 3-7 所示为试件的滞回曲线和骨架曲线。现浇试件 CW-1 的滞回曲线［图 3-6（a）］较为饱满；PW-1 为齿槽区域竖向分布钢筋全部截断的预制试件，其滞回曲线［图 3-6（b）］不如现浇试件的滞回曲线饱满，水平力达到峰值点后，随位移增大水平力下降迅速；PW-2 为齿槽区域竖向分布钢筋自由搭接的预制试件，其滞回曲线

［图 3-6（c）］相对饱满，水平力达到峰值后，随位移增大水平力下降缓慢。

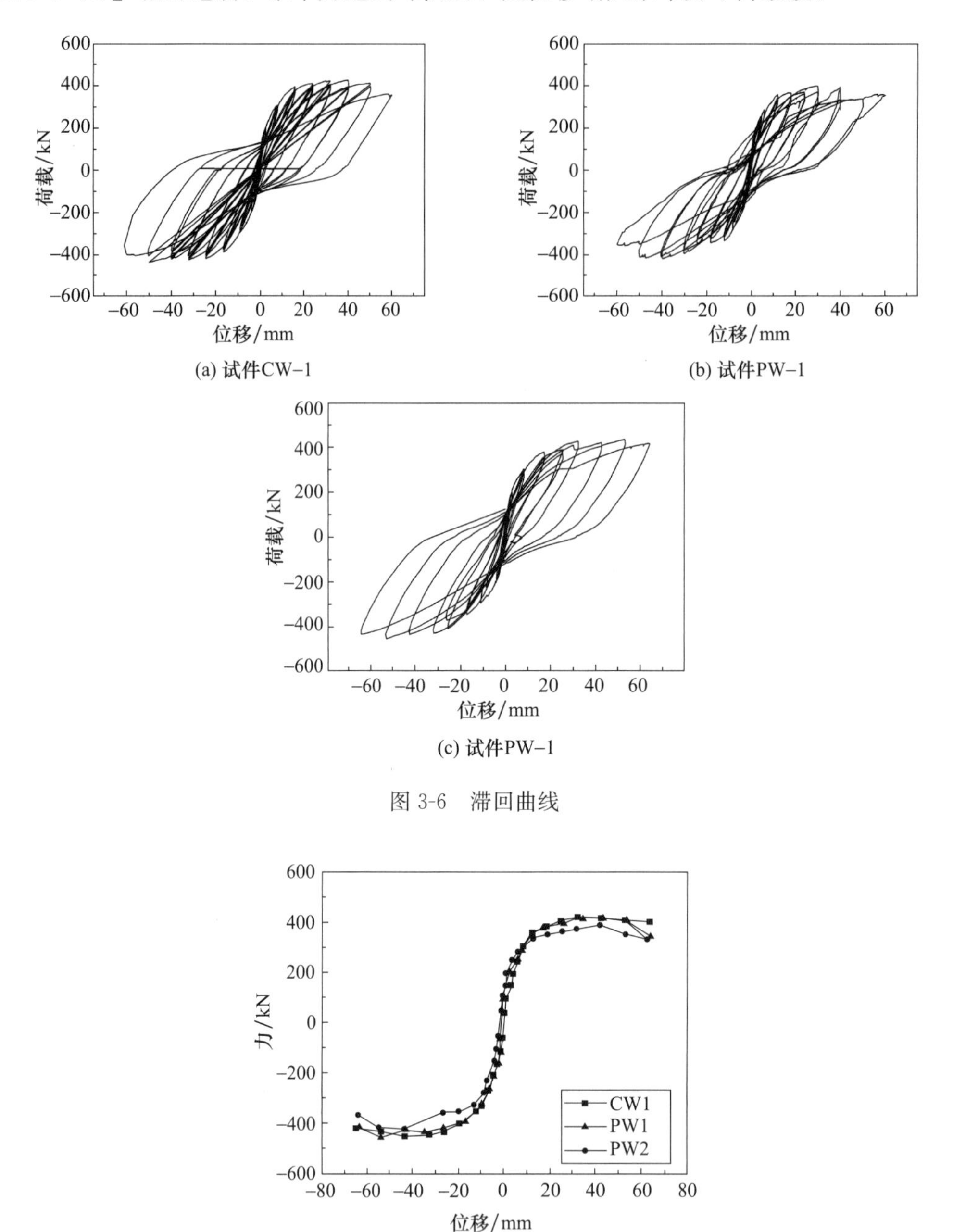

图 3-6　滞回曲线

图 3-7　骨架曲线

（二）承载力

表 3-3 为各试件的开裂荷载 F_{cr}、屈服荷载 F_y、峰值荷载 F_p和按现行规范计算得到的压弯承载力对应的荷载值 F_m。试件 PW-1 的承载力最小，原因在于该试件的竖向分布钢筋在预制墙体的齿槽区域全部截断，没有进行连接；PW-2 和 CW-1 的承载力相近，说明预制墙体齿槽区域的竖向分布钢筋自由搭接，对装配式剪力墙的压弯承载力有贡

献。计算 F_m时，钢筋取实测屈服强度，混凝土轴心抗压强度取 $0.76f_{cu}$，结果显示承载力试验值均大于规范计算值。

表 3-3 试件不同状态时的水平荷载

试件编号	F_{cr}/kN	F_y/kN	F_p/kN	F_m/kN
CW-1	149.57	333.24	433.55	403.18
PW-1	137.63	312.50	409.00	360.97
PW-2	149.79	358.75	435.83	362.50

（三）变形能力

表 3-4 列出了试件的开裂位移 Δ_{cr}、屈服位移 Δ_y、峰值位移 Δ_p、极限位移 Δ_u、位移延性系数 μ 以及各阶段位移所对应的位移角 θ，位移延性系数 $\mu=\Delta_u/\Delta_y$计算。以水平力下降至峰值水平力的 85%时为极限状态。结果表明，3 个试件的极限位移角均大于 1/120；其中，预制试件 PW-2 的极限位移角与试件 CW-1 相当，均略大于试件 PW-1。

表 3-4 各阶段变形值

试件编号	Δ_{cr}/mm	Δ_y/mm	Δ_p/mm	Δ_u/mm	μ
	θ_{cr}/rad	θ_y/rad	θ_p/rad	θ_u/rad	
CW-1	1.67	10.35	28.15	60.63	5.86
	1/1757	1/282	1/104	1/48	
PW-1	1.50	9.32	30.18	55.45	5.95
	1/1957	1/314	1/97	1/53	
PW-2	1.69	11.49	30.15	60.33	5.25
	1/1731	1/254	1/97	1/48	

（四）钢筋应变分析

图 3-8 为各个试件正向加载时距地梁顶面 300mm 高度处截面的竖向钢筋应变分布图。可知屈服前平截面假定基本成立，齿槽区域自由搭接的竖向分布钢筋参与墙体整体受力。

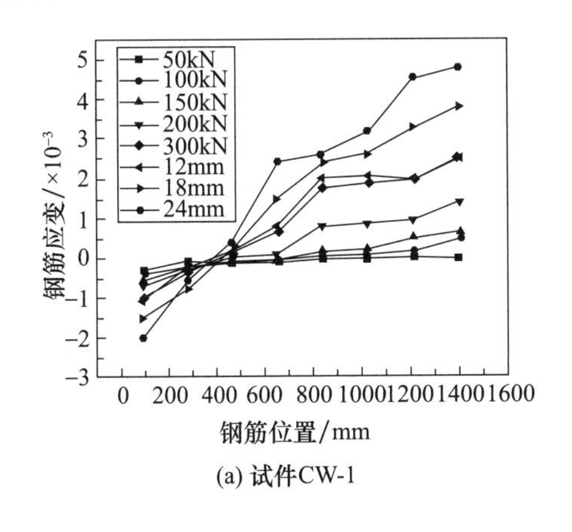

(a) 试件CW-1

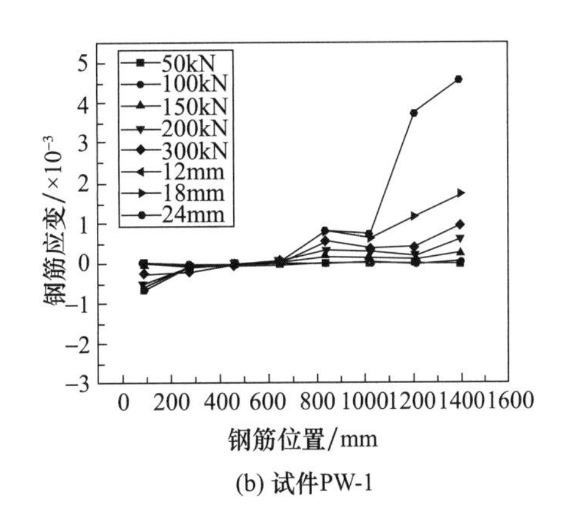

(b) 试件PW-1

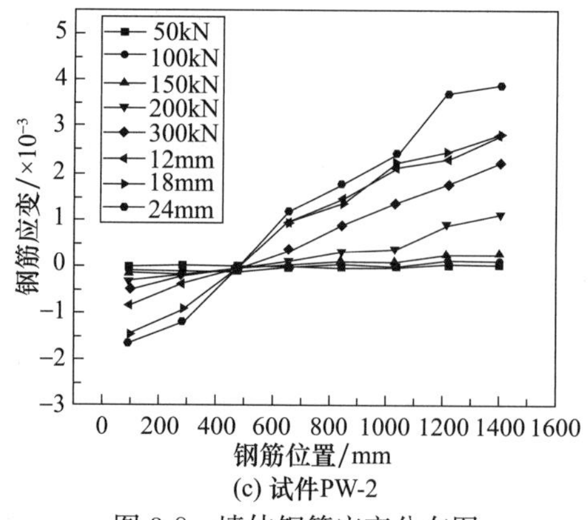

(c) 试件PW-2

图 3-8　墙体钢筋应变分布图

（五）耗能能力

采用能量耗散系数 E 反映试件的耗能能力。表 3-5 列出了各试件的能量耗散系数。由表可知，现浇试件 CW-1 的 E 值最大，耗能最小；齿槽区域钢筋未搭接试件 PW-1 为 CW-1 的 84%，耗能最小；齿槽区域钢筋自由搭接试件 PW-2 为 CW-1 的 94%，其耗能能力与 CW-1 基本相同。

表 3-5　能量耗散系数

试件编号	CW-1	PW-1	PW-2
E	1.25	1.05	1.17
与 CW-1 对比	1.00	0.84	0.94

（六）刚度退化

定义往复水平力作用下第 i 次循环最大位移的割线刚度为等效刚度 K_i，其计算式为

$$K_i=\frac{|+F_i|+|-F_i|}{|+\Delta_i|+|-\Delta_i|} \tag{3-1}$$

表 3-6 为各试件等效刚度比较，试件 CW-1 开裂时的割线刚度最大，PW-1 开裂时的割线刚度最小。图 3-9 为试件等效刚度与 Δ/Δ_y（位移/屈服位移）关系曲线。

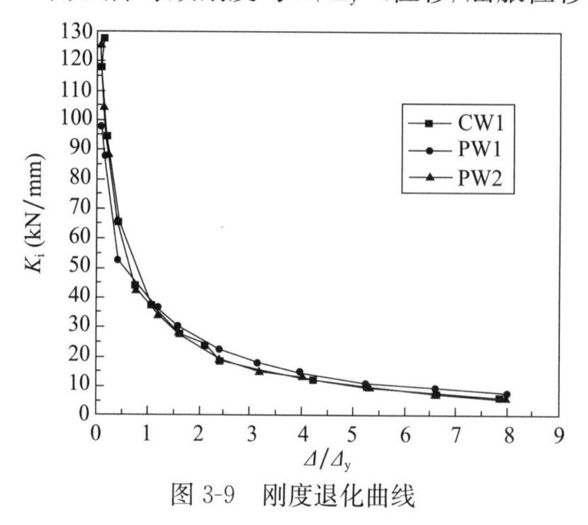

图 3-9　刚度退化曲线

表 3-6 试件等效刚度

试件编号	等效刚度/（kN/mm）			
	开裂	屈服	峰值	极限
CW-1	89.56	32.20	15.40	6.28
PW-1	91.75	33.53	13.55	6.28
PW-2	88.63	31.22	14.46	6.75

四、数值模拟分析

（一）材料本构模型

钢筋采用双折线弹性强化模型本构关系，主要参数设置见表 3-7。

表 3-7 钢筋双折线弹塑性模型参数

钢筋类型	弹性		塑性			
	杨氏模量/（N/mm^2）	泊松比	屈服强度/（N/mm^2）	塑性应变	抗拉强度/（N/mm^2）	塑性应变
HPB300	2.1×10^5	0.3	300	0.00	420	0.01
HRB335	2.1×10^5	0.3	335	0.00	455	0.01

混凝土的受拉损伤状态主要由拉伸等效塑性应变$\tilde{\varepsilon}_t^{pl}$ 控制，受压损伤状态主要由压缩等效塑性应变$\tilde{\varepsilon}_c^{pl}$ 控制。式 3-2 与式 3-3 为 Kachanov[62] 提出的一种无量纲各向同性材料的本构方程，其中E_0为材料的初始弹性刚度。

$$\sigma_t = (1-d_t)\ E_0\ (\varepsilon_t-\tilde{\varepsilon}_t^{pl}) \tag{3-2}$$

$$\sigma_c = (1-d_c)\ E_0\ (\varepsilon_c-\tilde{\varepsilon}_c^{pl}) \tag{3-3}$$

在单轴加载条件下，裂缝沿混凝土应力垂直方向发展，裂缝的扩展会造成截面有效承载面积的减小，从而导致有效应力的增加。通过“拉伸硬化”来模拟混凝土裂缝区的后续破坏行为，能够对开裂混凝土定义应变软化行为，是简化考虑钢筋和混凝土黏结滑移作用的一种方式。在钢筋混凝土模型中，每一个混凝土单元中都包含钢筋单元，通过合理地设置拉伸硬化参数，将有助于减少其黏结滑移作用引起的网格敏感性。

在隐式分析程序内，当材料模型发生软化或刚度出现退化时，一般会很难收敛。因此，在建立模型时黏性系数设为 0.005，通过采用较小的黏性系数使模型的黏塑性达到一致，可有效改善模型在软化阶段的收敛速度[63]。混凝土塑性损伤模型中主要参数取值：泊松比 0.2，膨胀角 30°，偏心率 0.1，双轴抗压强度与单轴抗压强度比值 1.16，拉伸与压缩子午面上第二应力不变量比值 K 为 0.667，黏性参数取值为 0.005。

（二）模型建立

共设计四个剪力墙模型进行对比分析，各模型尺寸均相同，如图 3-10 所示，试件模型由试验墙体、墙顶加载梁和墙底地梁组成。墙体尺寸：高1400mm，宽700mm，厚100mm；加载梁尺寸为150mm×150mm，地梁尺寸为400mm×300mm，混凝土等级为C30。

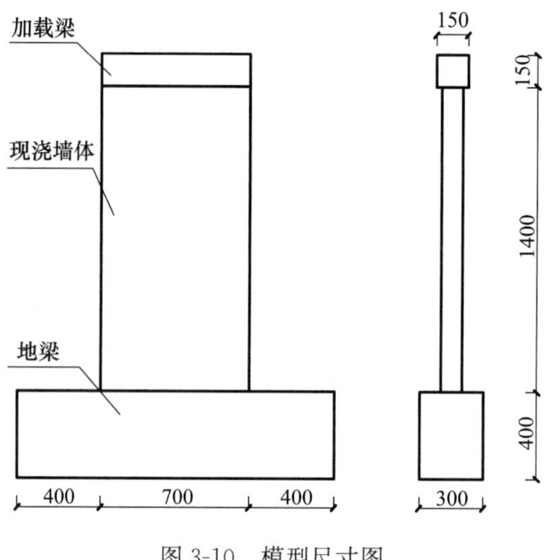

图3-10　模型尺寸图

如图3-11所示，暗柱箍筋采用ϕ4，加载梁箍筋、地梁箍筋、墙体竖向和水平分布钢筋、加载梁处附加锚固钢筋均采用ϕ6，加载梁和地梁内的纵向钢筋采用ϕ12，暗柱内纵向受力钢筋的设置见表3-8。

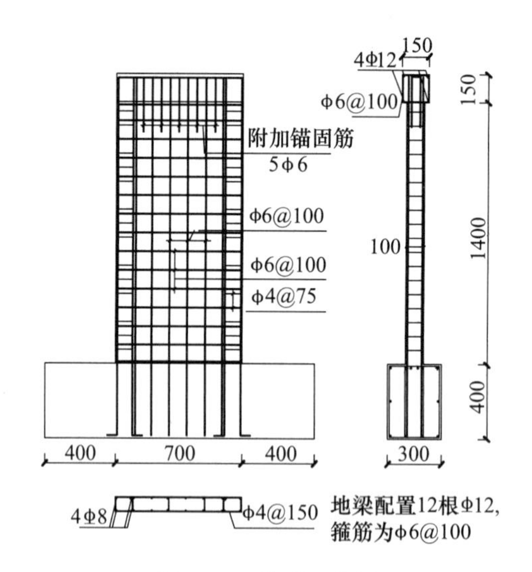

图3-11　模型配筋图

表3-8　分析模型的设计参数

模型编号	A-1	A-2	A-3	A-4
暗柱配筋	4ϕ6	4ϕ8	4ϕ10	4ϕ12
单侧暗柱配筋率	0.16%	0.29%	0.45%	0.65%

模型建立时，主要按预制墙体、加载梁、地梁以及钢筋等部分进行建模，混凝土部分三维实体单元，钢筋部分三维桁架单元，按照上述混凝土塑性损伤模型和钢筋双折线模型对材料属性进行定义。

利用 Tie 约束功能将各个混凝土实体部分连接起来（图 3-12）；模型中定义混凝土单元和钢筋单元共用节点，利用 Embed 的约束功能将钢筋笼嵌入混凝土内，视其为刚性连接（图 3-13）。

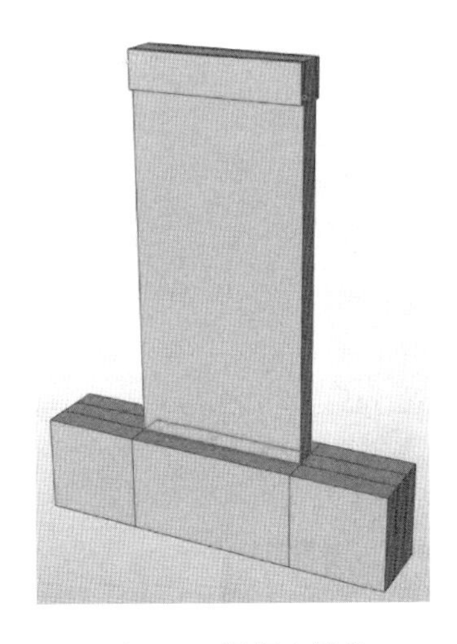

图 3-12　混凝土部分

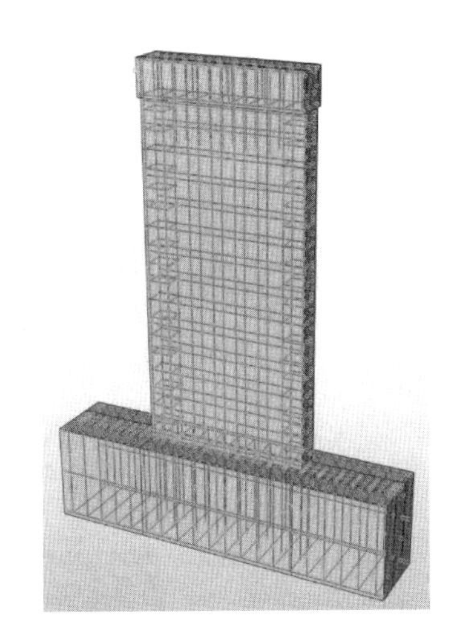

图 3-13　钢筋与混凝土连接

地梁底面为固端约束，利用位移约束对试件加载梁顶点施加水平荷载（图 3-14）。根据试件尺寸，对预制墙体、地梁和所有的钢筋单元划分为 50mm×50mm×50mm 的网格，对加载梁划分为 25mm×25mm×25mm 的网格（图 3-15）。设置加载步时，先施加竖向荷载，再设置并施加水平荷载。

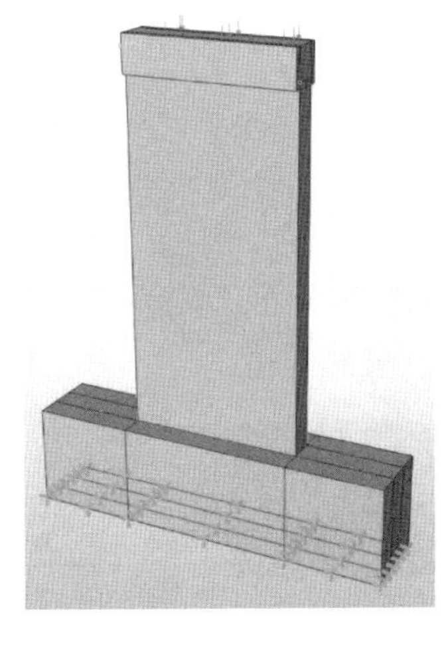

图 3-14　边界条件设置

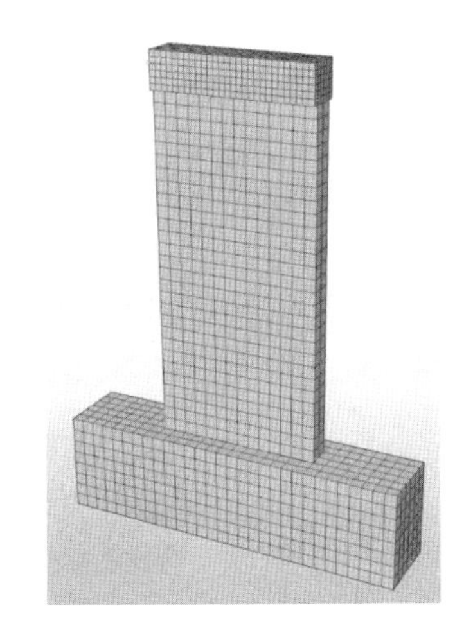

图 3-15　网格划分

（三）参数分析

（1）暗柱配筋率的影响

在轴压比为 0.3 时对试件模型水平向右进行单向推覆加载。如图 3-16～图 3-23 所示，各试件模型的破坏形态基本一致，均为模型受压侧底部混凝土被压碎，模型受拉侧混凝土出现大量裂缝，受拉侧暗柱的纵向受力钢筋基本都受拉屈服。

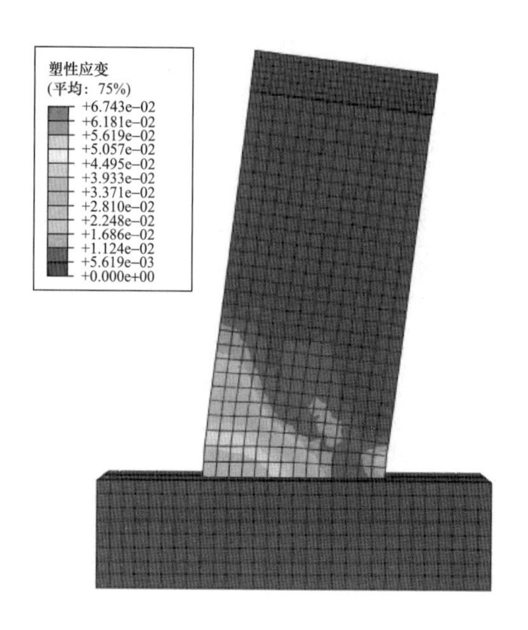

图 3-16　模型 A-1 混凝土应变云图

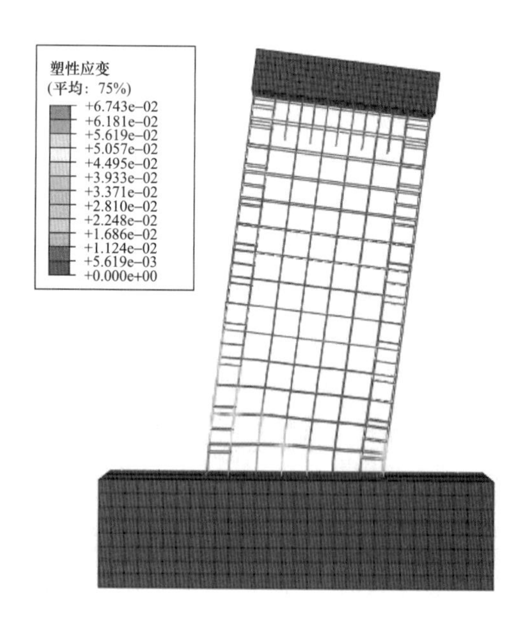

图 3-17　模型 A-1 钢筋应变云图

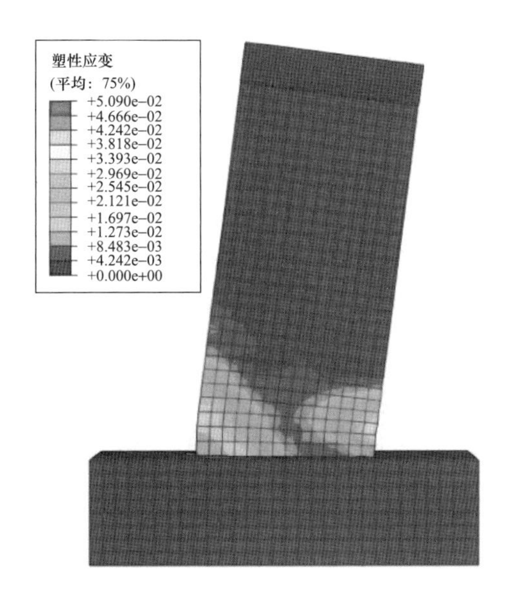

图 3-18　模型 A-2 混凝土应变云图

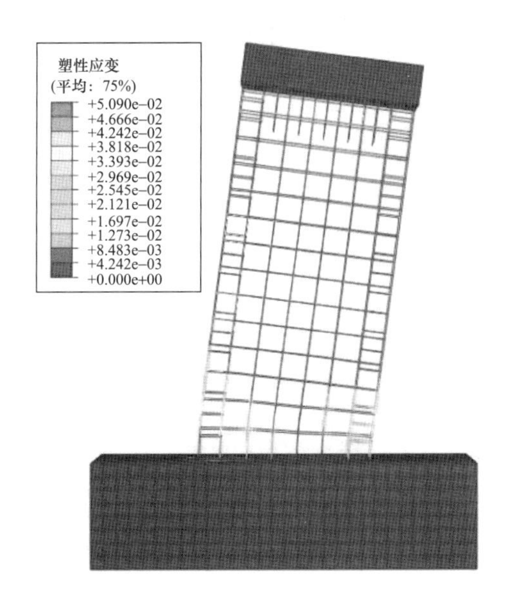

图 3-19　模型 A-2 钢筋应变云图

随着暗柱纵筋配筋率的增加，剪力墙模型的裂缝发展情况更加充分：模型 A-1 的裂缝主要集中在受拉一侧，模型 A-2 和 A-3 的裂缝分布较为均匀，并逐渐连成一片，模型 A-4 的破坏比较充分，裂缝发展出现贯通，其剪切滑移比较明显，墙体水平错动较大，可见受拉一侧暗柱纵向受力钢筋未达到屈服应变便发生错动，致使受压一侧钢筋应力较大。

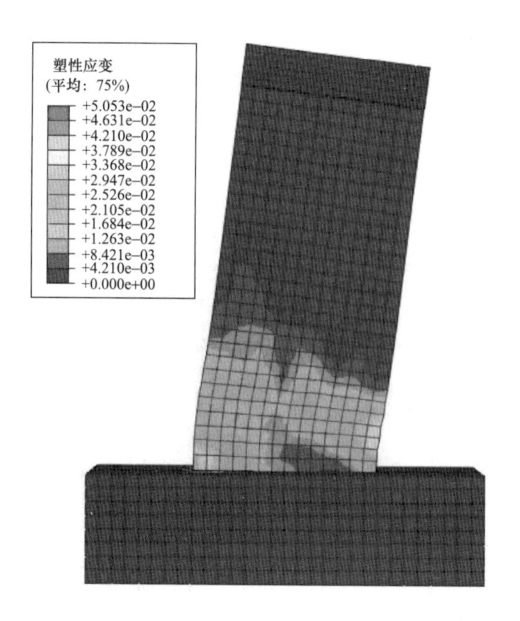

图 3-20 模型 A-3 混凝土应变云图

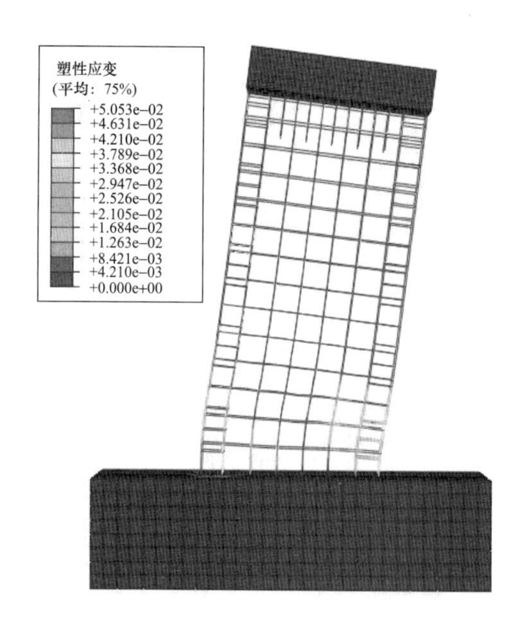

图 3-21 模型 A-3 钢筋应变云图

表 3-9 为试件模型分别在各加载阶段的水平荷载和水平位移及该模型的位移延性系数，图 3-24 为分析得到的各个模型荷载-位移曲线。从表中数据和图中曲线可以看出，暗柱纵向钢筋配筋率的增大可有效提高剪力墙试件模型的水平极限承载力。分析剪力墙及其两端暗柱受力特点可知，由于暗柱主要以承担弯矩为主，在剪力墙两侧分别承受拉压作用；但暗柱配筋率对模型刚度的影响并不明显，四个模型在弹性受力阶段的刚度基本一致。

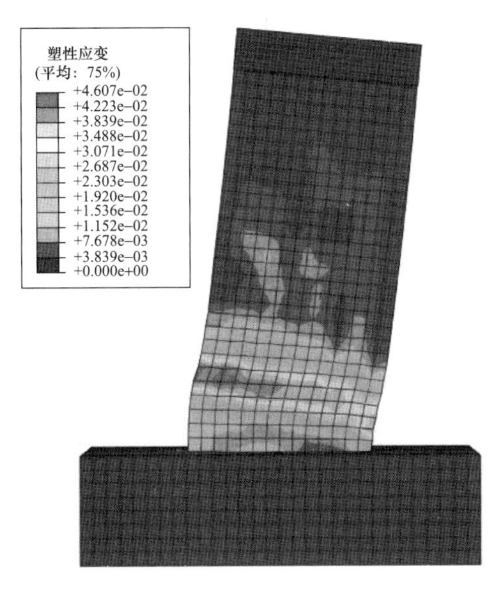

图 3-22　模型 A-4 混凝土应变云图

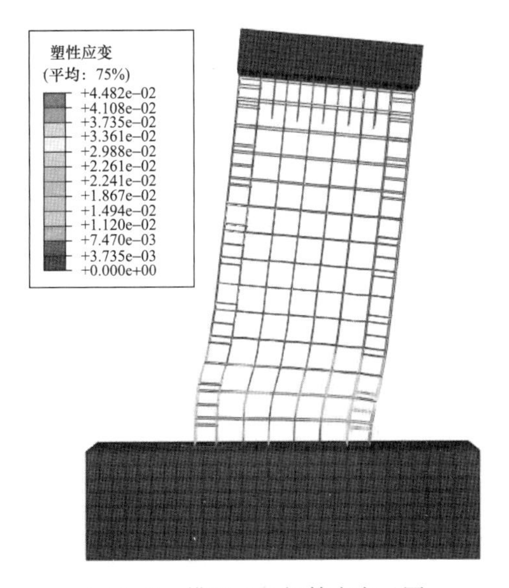

图 3-23　模型 A-4 钢筋应变云图

表 3-9　各阶段水平荷载和位移

模型编号	F_{cr}/kN	Δ_{cr}/mm	F_y/kN	Δ_y/mm	F_p/kN	Δ_p/mm	F_u/kN	Δ_u/mm	μ
A-1	62.3	1.30	92.5	3.9	97.3	10.2	82.7	24.3	6.2
A-2	64.4	1.30	106.9	5.0	111.2	10.1	94.5	25.6	5.1
A-3	67.1	1.30	124.8	5.2	127.0	10.4	107.9	31.1	6.0
A-4	70.3	1.30	139.8	5.3	147.1	11.2	125.2	32.8	6.2

随着暗柱纵筋配筋率的增大，模型的抗弯承载能力增强，延性系数增大，耗能能力得到提高，说明墙体的抗震性能会随着暗柱配筋率的增加而增强。当暗柱纵向受力钢筋为 Φ10 时，模型 A-3 达到峰值荷载后承载力下降最为平缓，塑性区段的距离最长，说明

在该配筋率下墙体的承载能力可以得到较为充分的发挥。

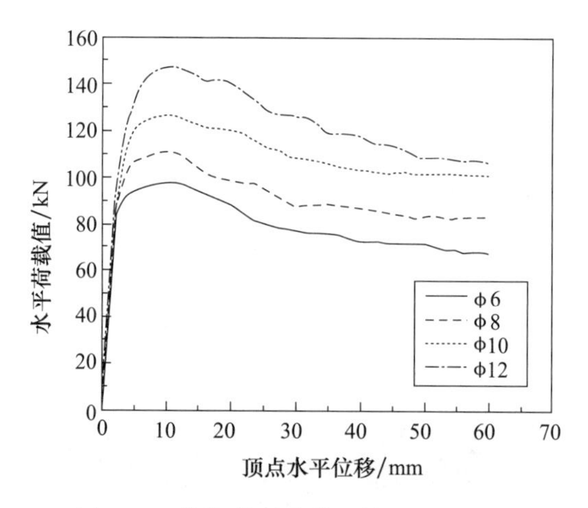

图 3-24 荷载-位移曲线（轴压比为 0.3）

（2）轴压比的影响

对各剪力墙模型在轴压比为 0.1 和 0.2 时分别进行有限元分析，得到如图 3-25 所示的荷载-位移曲线，图 3-26 为各模型在不同轴压比下的开裂荷载和极限荷载。

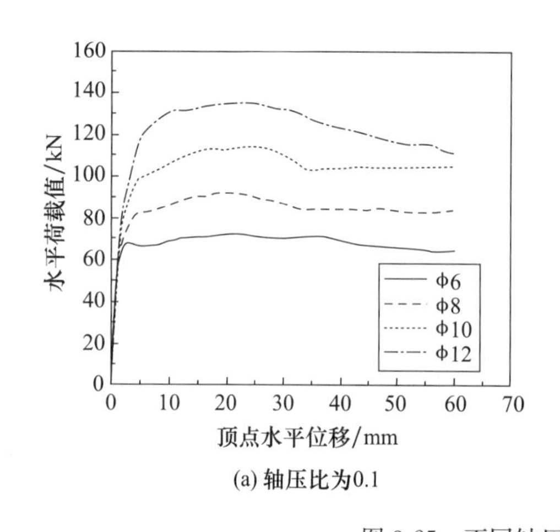

(a) 轴压比为0.1

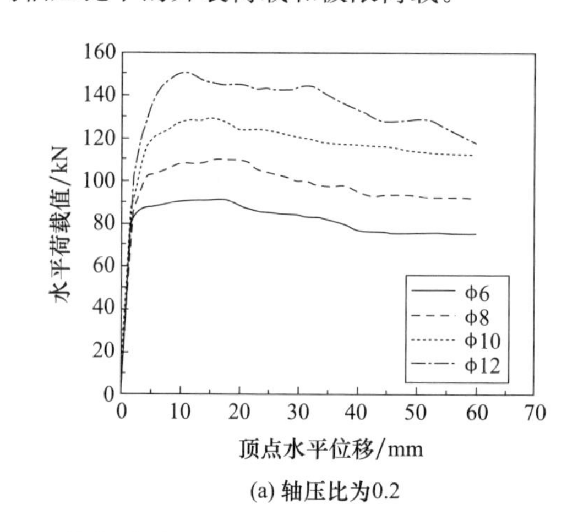

(a) 轴压比为0.2

图 3-25 不同轴压比下的荷载-位移曲线

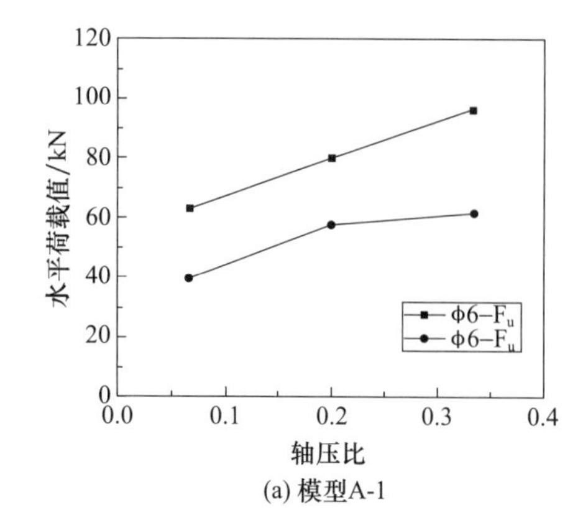

(a) 模型A-1

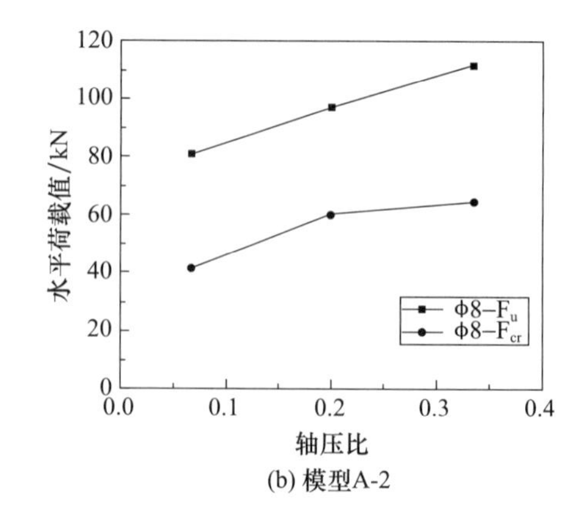

(b) 模型A-2

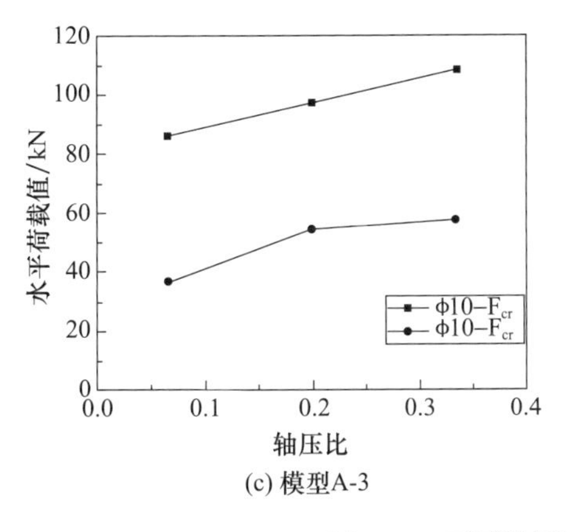

(c) 模型A-3

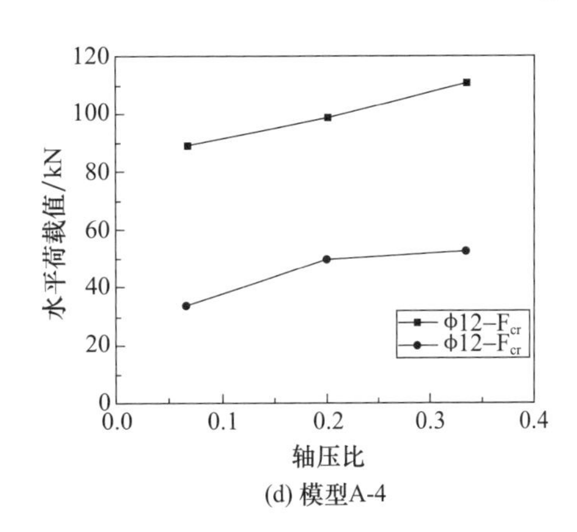

(d) 模型A-4

图 3-26　不同轴压比的开裂荷载和极限荷载

图 3-25 中的各组曲线趋势与图 3-24 相似，各模型在不同轴压比下的曲线形态略有不同，但模型承载能力随着暗柱配筋率的增加而增加的趋势不变。

对比同一模型在不同轴压比下的荷载-位移曲线可知，随着轴压比增大，各模型的极限位移明显下降，峰值点过后承载力下降加快，塑性区段的长度明显减小，延性性能下降。

从图 3-26 可知，随着轴压比的增加，各试件模型的开裂荷载和极限荷载均逐渐增大；极限荷载大致呈线性增加趋势；开裂荷载在轴压比为 0.1～0.2 时增幅较大，在轴压比为 0.2～0.3 时增幅速率降低。

五、小结

（1）预制试件与现浇试件的破坏形态基本相同：后浇暗柱角部混凝土压碎剥落、竖向钢筋受拉屈服，属于压弯破坏形式。预制试件 PW-2 与现浇试件 CW-1 类似，墙体裂缝发展充分，耗能能力良好；试件 PW-1 墙体裂缝发展不充分，耗能能力较差。

（2）采用齿槽式连接可保证预制墙体在正常工作状态下的抗剪承载力。试件 PW-2 的竖向分布钢筋在齿槽内自由搭接，其承载能力及变形耗能能力都明显优于 PW-1，裂缝分布与现浇试件一致，极限承载力试验值也与现浇试件接近。

（3）试件 PW-1 破坏时裂缝主要集中在齿槽区域，不利于能量的耗散，试件的延性较试件 CW-1 有一定差距；达到峰值水平力后承载能力很快下降，极限位移角相对较小，不建议在工程中应用。

第三节　楔形齿槽连接装配式剪力墙抗震性能

一、试验概况

（一）试件概况

试验采用足尺试件，编号为 WPW1，中间墙体部分预制，暗柱和楔形连接节点同时现浇。详见表 3-10。

表 3-10 试件制作方法及钢筋连接方式

试件编号	墙体制作方法	竖向分布钢筋连接方式	暗柱竖向钢筋连接方式	结合面处理方式
WPW1	中间墙体预制	楔形节点后浇节点处自由搭接	贯通	人工凿毛

如图 3-27 所示，试件由地梁、试验墙体和加载梁三部分组成。墙高 2800mm，墙厚 160mm，墙长 1400mm；加载梁 300mm×300mm；地梁的截面尺寸为 600mm×550mm，制作方式为预制。混凝土强度等级为 C40，混凝土保护层厚度均为 15mm，暗柱与加载梁箍筋均采用 Φ6、墙体竖向和水平分布钢筋均采用 Φ8；暗柱内竖向钢筋、加载梁和地梁内的纵向钢筋均采用 Φ16。

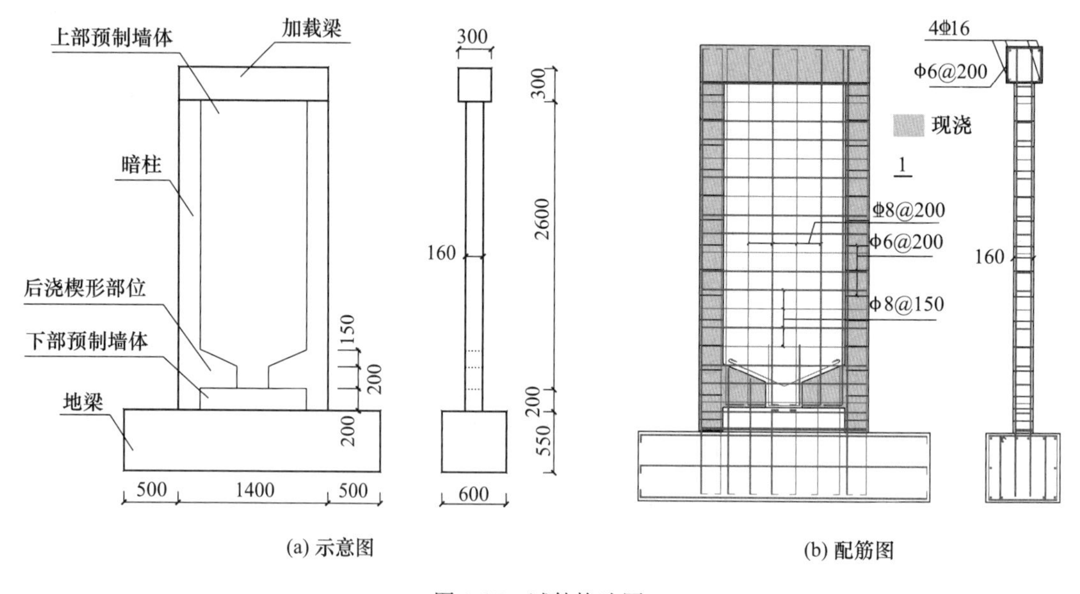

(a) 示意图　　(b) 配筋图

图 3-27 试件构造图

如图 3-28 所示，楔形连接节点的正视图是直角梯形，该梯形的上底为 200mm，下底为 350mm，高为 350mm。

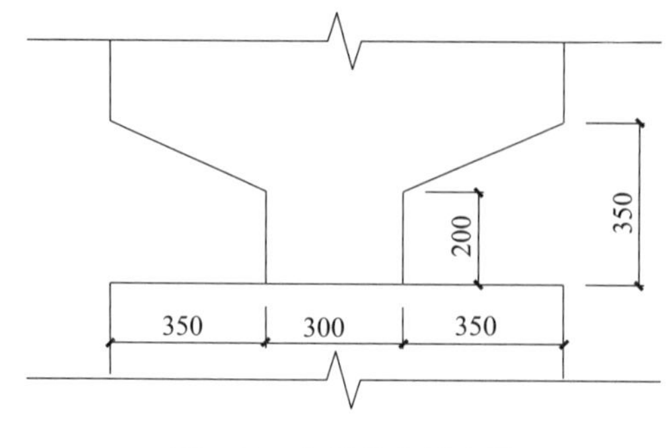

图 3-28 楔形节点尺寸图

（二）材料力学性能

按照标准[64]进行混凝土立方体标准块强度试验，试件均为与试验混凝土试件同批次浇筑、相同养护条件下养护的混凝土标准块。

每次浇筑批次选取三个试块用于抗压强度试验，共计六个试块。试块尺寸为150mm×150mm×150mm。预制部分混凝土立方体抗压强度平均值为37.0MPa，后浇部分混凝土立方体抗压强度平均值为37.2MPa。

试件剪力墙暗柱箍筋采用HPB300级钢，其余钢筋均采用HRB400级钢。根据标准[65]进行单向拉伸试验。试验结果表明，HRB400钢筋有明显的弹性段和屈服段。表3-11列出了钢筋屈服强度和抗拉强度实测值。

表 3-11　钢筋强度实测值

直径/mm	屈服强度/MPa	抗拉强度/MPa
6	324.1	435.7
8	437.5	588.2
16	467.4	630.2

（三）加载方案

加载装置如图3-29所示。竖向荷载由反力梁、液压千斤顶和加载梁施加，液压千斤顶施加的轴力作用于墙体顶部加载梁上表面的中心处。电液伺服作动器通过锚杆固定在反力墙上，水平荷载由电液伺服加载系统施加，采用墙顶单点加载，荷载大小由拉压传感器测量并控制，电液伺服作动器水平固定在反力墙上，加载作用点位于墙顶加载梁端部的中心位置。试验时采用四根锚栓将地梁锚固在实验室地面上，形成固定边界条件（图3-30）。

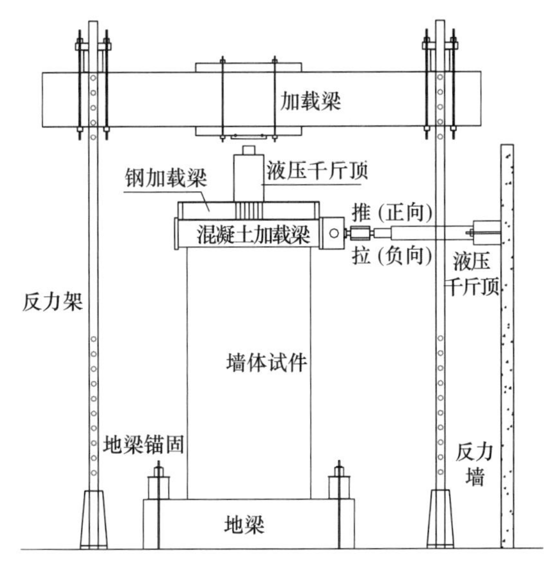

图 3-29　试件加载装置示意图

试验开始阶段，首先在试件顶部施加轴压力，试验过程中保持不变，然后施加往复水平荷载。根据文献[3]的有关规定，采用荷载-位移加载机制，正式加载之前进行预加载，预加荷载值不超过开裂荷载计算值的 30%。

试件屈服之前，采用荷载控制加载，每级循环一次；屈服之后，采用位移控制加载，每级位移循环两次。水平力下降至最大水平力的 85%以下时，试验结束。

图 3-30 试验现场照片

（四）量测内容和测点布置

量测内容主要包括轴压力、水平力、钢筋应变以及相应高度墙的水平位移。图 3-31 为试件应变片的位置与编号。在距地梁顶面 300mm 高度（截面 2—2）和 550mm（截面 1—1）高度处的暗柱纵向钢筋和竖向分布钢筋上分别布置应变片。

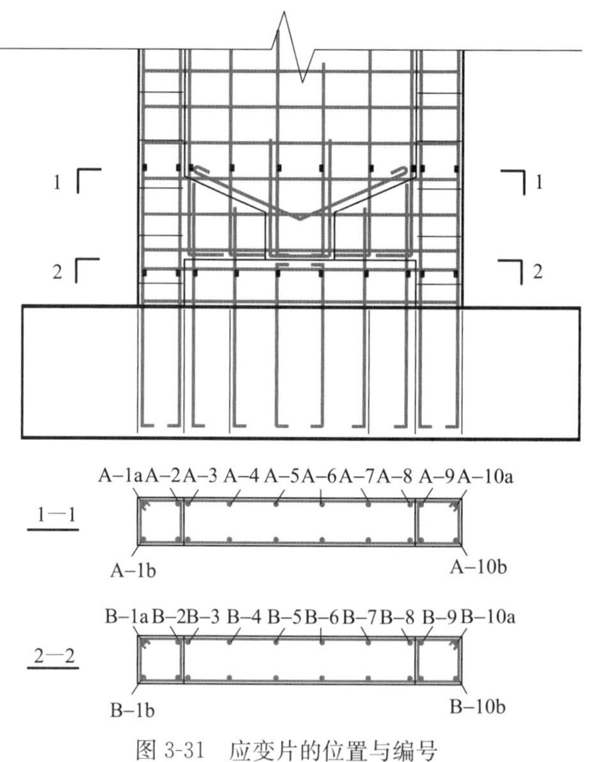

图 3-31 应变片的位置与编号

位移计用于测量两侧试件水平位移，各试件位移计的布置相同，在墙体侧面自上而下共布置四个位移计（图 3-32）。最高处的位移计布置在加载梁的中线位置，距墙底为 2950mm（后文中所用荷载-位移曲线即该位移计位移值）。地梁上布置一个位移计，用以量测地梁可能发生的平动。位移计 D-2 和 D-3 用于测量节点上下错动情况。

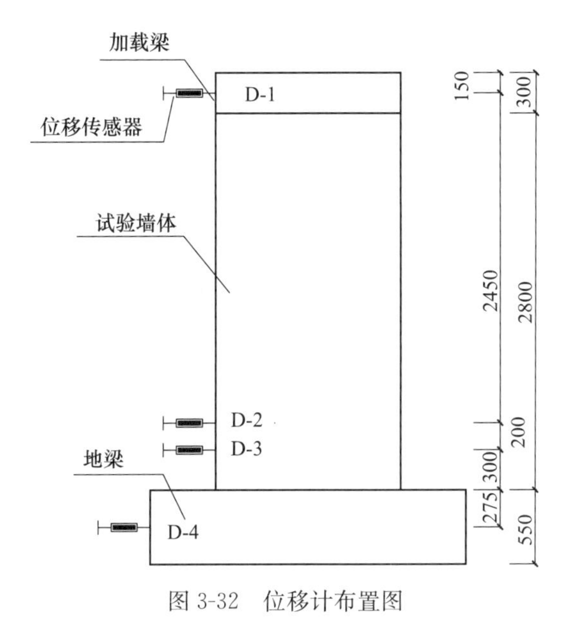

图 3-32　位移计布置图

二、试验现象及破坏形态

在加载过程中，水平荷载达 150kN 时，墙体距地梁顶面 450mm 区域内出现三条细小的水平裂缝。随着水平荷载的增加，裂缝长度延伸、裂缝宽度增大，并且由下至上出现新的水平裂缝。水平荷载为 252.3kN 时，暗柱最外侧的竖向钢筋受拉屈服。水平位移为 8mm 时，暗柱出现少量新水平裂缝，原有裂缝中的部分斜裂缝沿楔形节点处新旧混凝土斜向结合面发展，距离地梁顶面 200mm 处的水平裂缝沿新旧混凝土水平结合面继续发展。水平位移为 16mm 时，水平裂缝增多并出现贯通裂缝，斜裂缝增多并大部分与楔形节点斜向结合面平行。水平位移达到 24mm 时，裂缝继续增加，角部局部混凝土压溃脱落。此后随着水平位移增大，受压侧边缘混凝土压溃脱落，纵向钢筋外露，水平荷载增速减缓。水平位移为 50mm 时，外侧纵向钢筋被压曲鼓出，水平荷载下降至峰值荷载的 85%以下，墙体损伤严重，暗柱底部混凝土被压碎，试验结束。试件破坏形态及裂缝分布如图 3-33 所示。

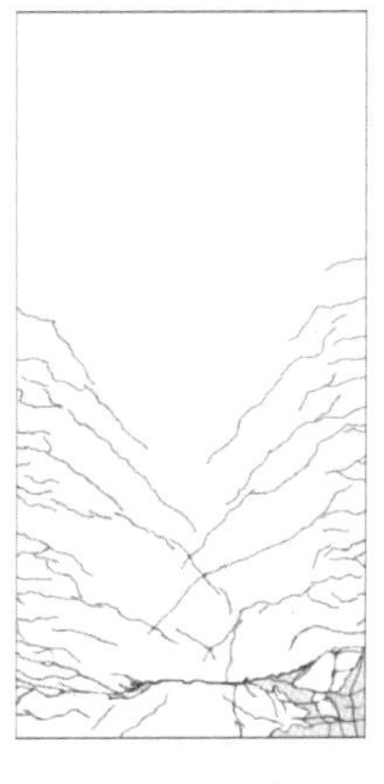

图 3-33　试件破坏形态与裂缝分布图

三、试验结果与分析

（一）滞回曲线

滞回曲线如图 3-34 所示。由图可知，在开裂至屈服前，残余变形较小，滞回环面积较小，试件基本处于弹性阶段，耗能较少；屈服后，滞回曲线的面积逐渐加大，呈现弓形，表明试件具有一定的耗能能力。

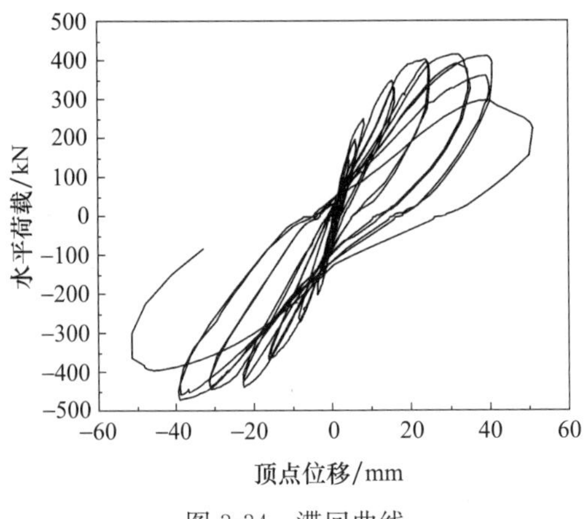

图 3-34　滞回曲线

（二）骨架曲线

骨架曲线如图 3-35 所示。由图可知，在加载初期，混凝土未开裂，试件呈现弹性状态，骨架曲线为线性发展；从开裂至达到峰值荷载期间，由于混凝土出现开裂损伤并且部分退出工作，骨架曲线的斜率减小，刚度减小，达到荷载峰值后，由于更多的混凝土压溃破坏退出工作，钢筋进入塑性状态甚至断裂，骨架曲线进入下降段。

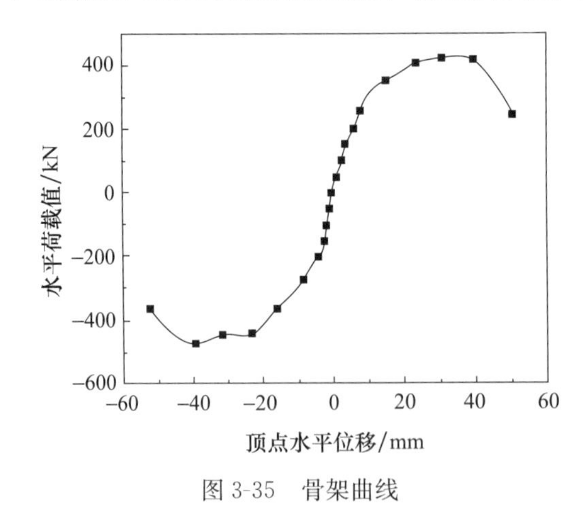

图 3-35　骨架曲线

（三）延性性能

延性性能采用位移延性系数 $\mu=\Delta_u/\Delta_y$。试件各主要阶段的位移延性系数计算结果见表 3-12。由表可知，楔形节点现浇的装配式剪力墙试件的极限位移角为 1/69，具有较好的变形能力，延性系数为 3.03，满足抗震设计的相关要求。

表 3-12 延性性能

试件编号	开裂点		屈服点		峰值荷载点		破坏点		μ
	Δ_{cr}/mm	θ_{cr}	Δ_{y}/mm	θ_{y}	Δ_{p}/mm	θ_{p}	Δ_{u}/mm	θ_{u}	
WPW1	3.92	1/752	14.02	1/211	35.00	1/84	42.5	1/69	3.03

（四）墙体侧移

沿墙体高度自上而下布置了三个位移计，各加载阶段试件不同高度处的水平位移分布情况如图 3-36 所示。由图可知，屈服前，其水平位移沿墙体高度基本呈线性分布，屈服后，楔形节点部位发生细微错动，线性分布特征不再适用。水平位移沿墙高分布呈弯剪形，变形集中在墙底连接区域，连接区域以上范围位移呈直线分布。

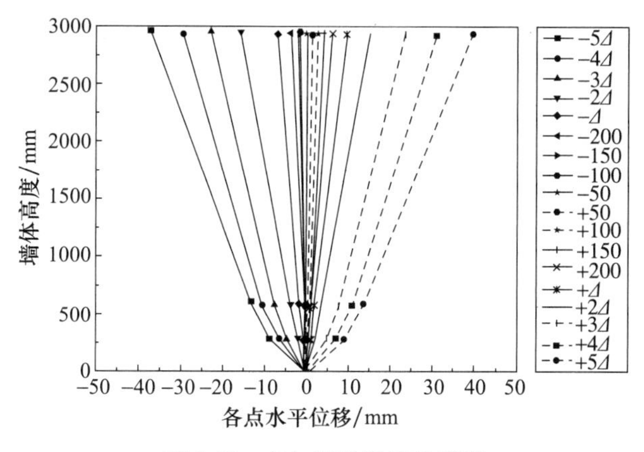

图 3-36 各加载阶段墙体侧移

（五）钢筋应变

图 3-37、图 3-38 所示为试件 WPW1 在低周往复加载过程中，楔形节点上部截面和下部截面钢筋的应变分布情况。各图中所呈现的钢筋分布情况均为试件正面视图，其中 0mm 处是试件边缘远离水平作动器加载处，1400mm 处是试件边缘靠近水平作动器加载处。可以看出，屈服前钢筋应变大致呈线性分布，基本符合平截面假定；在钢筋屈服后平截面假定已不适用。

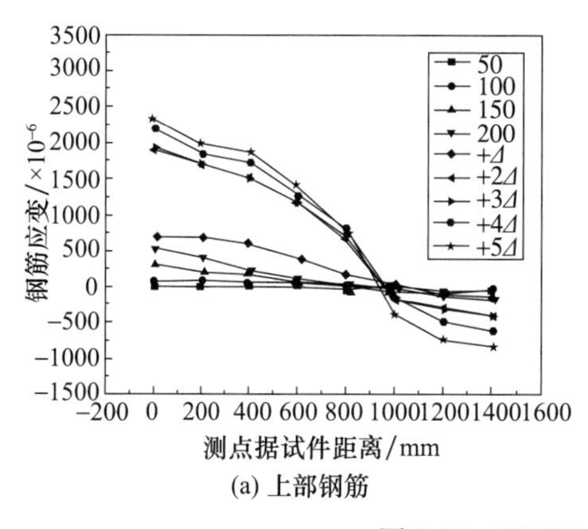

(a) 上部钢筋

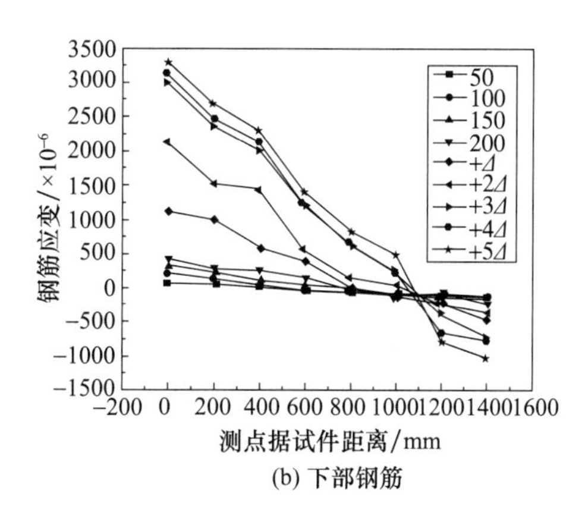

(b) 下部钢筋

图 3-37 WPW1 正向加载时钢筋应变

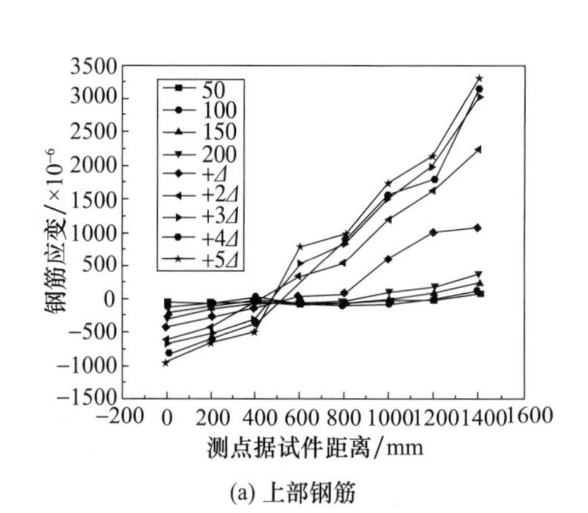

(a) 上部钢筋

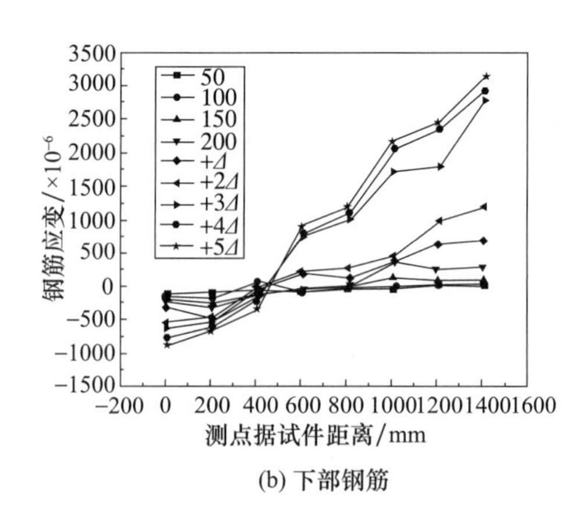

(b) 下部钢筋

图 3-38　钢筋应变

（六）刚度退化

刚度退化曲线如图 3-39 所示。由图可知，加载初期试件的刚度较大，随着顶点水平位移增加而逐步退化，剪力墙开裂后，刚度退化速度增大，这主要是由于新增裂缝不断出现和已有裂缝持续发展，随着加载位移的继续增大，由于主要裂缝已形成，刚度退化放缓。

（七）耗能能力

图 3-40 为试件能量耗散系数与水平位移的关系曲线。由图可知，屈服前，能量耗散系数呈缓慢下降趋势，随着位移控制的循环次数的增加，滞回环越饱满，能量耗散系数越大，表明结构在塑性阶段消耗的能量逐步增加。

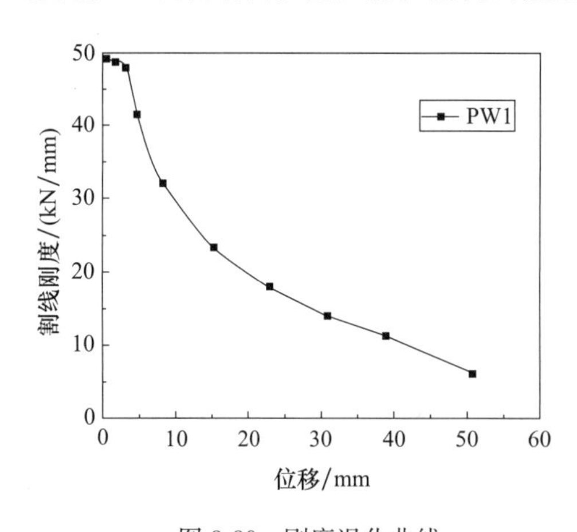

图 3-39　刚度退化曲线

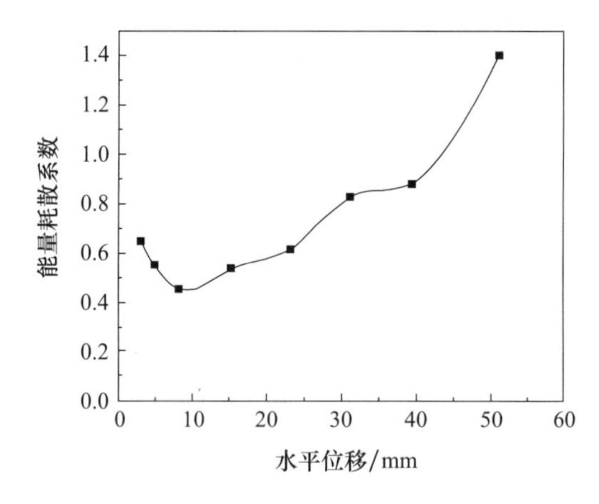

图 3-40　能量耗散系数与水平位移的关系曲线

四、数值模拟分析

（一）材料本构模型

钢筋采用双折线弹性强化模型本构关系，钢筋屈服后强化段弹性模量为 $0.01E_s$，钢筋的密度为 7800kg/m^3，泊松比为 0.3。混凝土采用损伤塑性模型，损伤塑性模型的屈服条件采用 Barcelona[66－67]屈服准则，其函数表达式为

$$F=\frac{1}{1-\alpha}\left[\sqrt{3J_2}+\alpha I_1+\beta\alpha_{\max}-\gamma\left(-\sigma_{\max}\right)\right]-\sigma_{c0} \tag{3-4}$$

式中，I_1为应力张量第一不变量；J_2为偏应力张量第二不变量；α、β、γ分别为无量纲材料参数。

α、β、γ计算方法如下：

$$\begin{cases}\alpha=\dfrac{\sigma_{b0}/\sigma_{c0}-1}{2\sigma_{b0}/\sigma_{c0}-1}\\ \beta=\dfrac{\sigma_{c0}}{\sigma_{t0}}\left(1-\alpha\right)-\left(1+\alpha\right)\\ \gamma=\dfrac{3\left(1-K_c\right)}{2K_c-1}\end{cases} \tag{3-5}$$

式中，σ_{b0}为混凝土双轴抗压强度；σ_{c0}为混凝土单轴抗压强度；σ_{t0}为混凝土单轴抗拉强度；K_c为控制混凝土屈服面在偏平面上的投影形状的参数。

分析模型采用非关联流动法则，其塑性势函数 Drucker-Prager[68]双曲函数表达式为

$$G=\sqrt{(\epsilon\sigma_{t0}\tan\psi)^2+\bar{q}^2}+\bar{p}\tan\psi \tag{3-6}$$

式中，ψ为高围压时材料的膨胀角，取 15°～50°；ϵ为塑性势函数 G 的偏心率，取 0.1。

隐式分析过程中，混凝土的软化或刚度退化均会导致计算量增加甚至收敛难度的增大，通过对混凝土材料模型进行黏性修正的方式在一定程度上解决。若黏性系数取值过小，则计算效率较低，计算的收敛性较差；若黏性系数取值过大，虽然可以提高计算效率，改善计算的收敛性，但会造成结构刚化。黏性系数的取值区间为 0.0005～0.005，具体的取值根据试验结果确定。

（二）模型建立

混凝土采用线性缩减积分单元 C3D8R，与普通的完全积分单元相比，此单元在每个方向少一个积分点，在此单元中引入“沙漏刚度”以约束沙漏模式的扩展。在地梁底面施加固定端约束，此约束持续值分析结束。在加载梁端部设置一个参考点（Reference Point），对参考点施加水平荷载，加载方式为位移加载，加载制度与和试验过程保持一致。最终建立的模型如图 3-41 所示。

（三）有限元分析与试验结果比较

（1）混凝土损伤过程

有限元分析得到的混凝土损伤过程如图 3-42 所示。由图可知，受拉侧暗柱底部混凝土最先出现受拉损伤。继续加载，在受拉侧暗柱最外侧受拉纵筋达到屈服应力，

试件进入屈服状态，此时加载点的位移为 Δ_y，加载点水平荷载为 346.6kN，受拉侧混凝土受拉损伤区域进一步发展，新旧混凝土水平结合面和斜向结合面出现较大受拉损伤，并开始出现分离，同时，受压侧暗柱距底部约 100mm 处开始出现受压损伤。在加载点的位移为 $2\Delta_y$时，水平部位的新旧混凝土结合面处的受拉损伤向受压侧迅速发展，同时受压损伤的区域向墙板中部扩散，受拉损伤的高度增大，受压损伤区域继续发展，但发展缓慢。峰值荷载出现在（2～3）Δ_y之间，加载点水平荷载为 418.4kN，受拉损伤区域扩散速度放缓，受压损伤范围无明显变化，但是损伤程度加大。$4\Delta_y$之后，承载能力下降，此时，上、下墙板水平连接部位的新旧混凝土结合面出现较宽通缝，底部区域的受拉损伤区域已延伸至靠近右侧暗柱处，受压损伤程度严重。

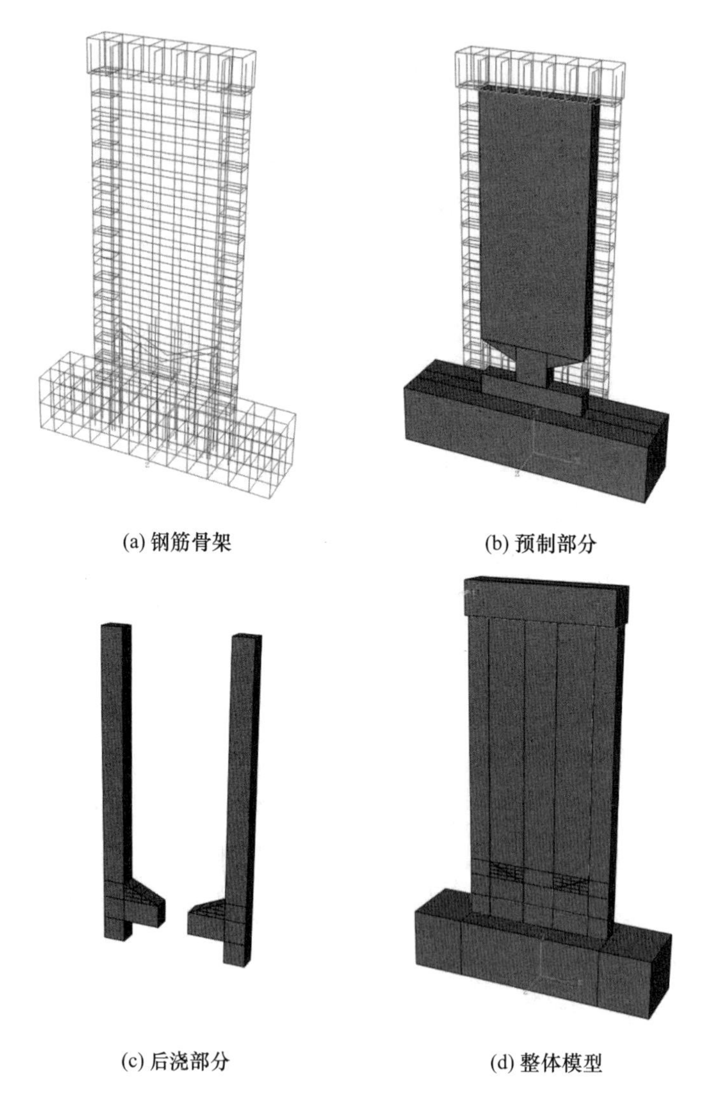

(a) 钢筋骨架　(b) 预制部分

(c) 后浇部分　(d) 整体模型

图 3-41　有限元模型

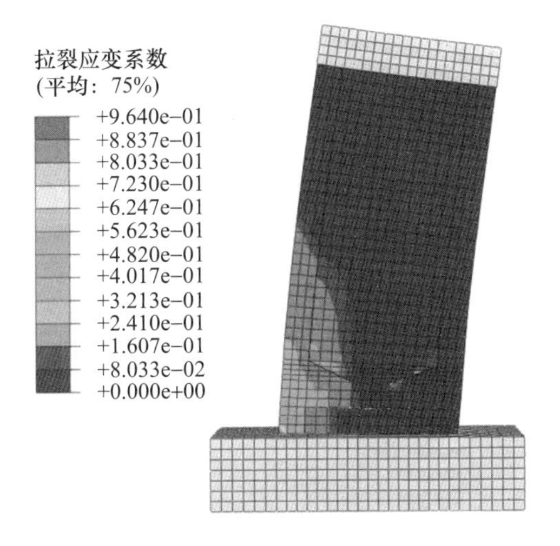

(a) 混凝土出现拉伸损伤

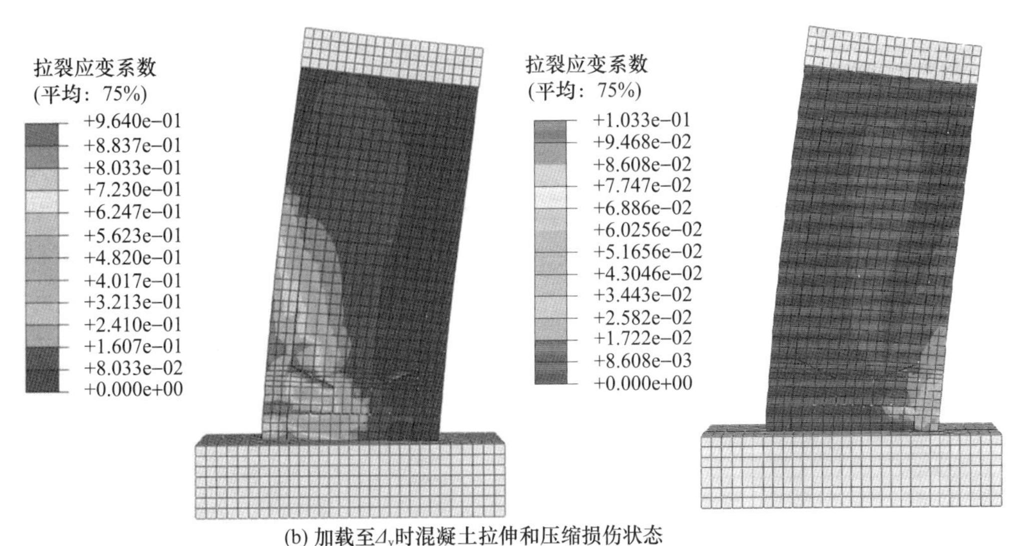

(b) 加载至Δ_y时混凝土拉伸和压缩损伤状态

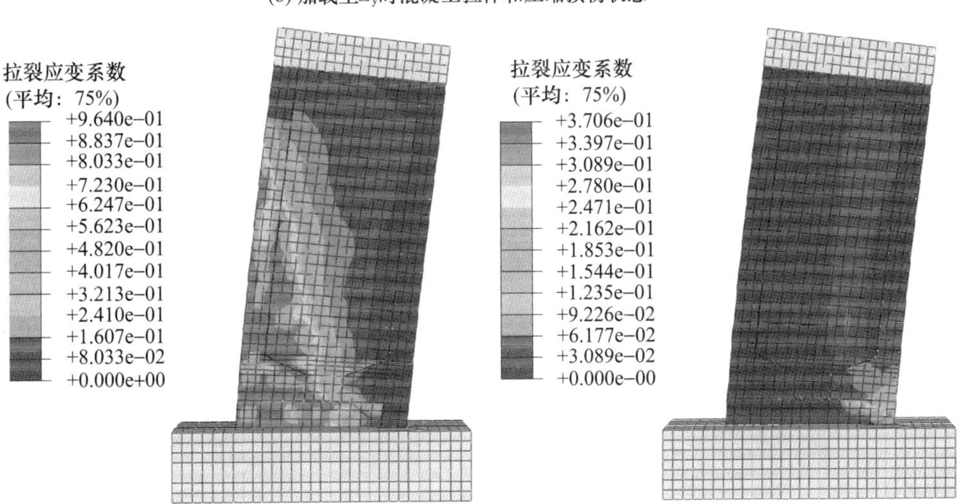

(c) 加载至$2\Delta_y$时混凝土拉伸和压缩损伤状态

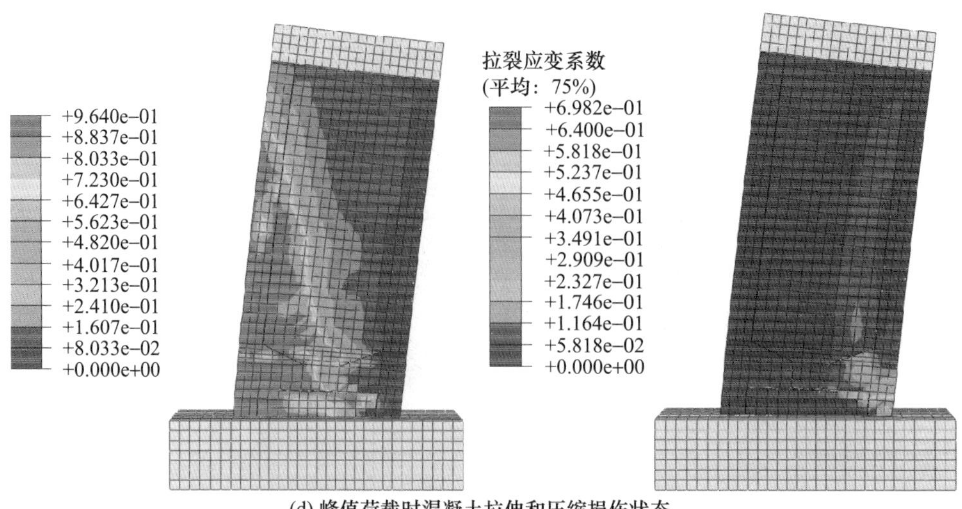

(d) 峰值荷载时混凝土拉伸和压缩损伤状态

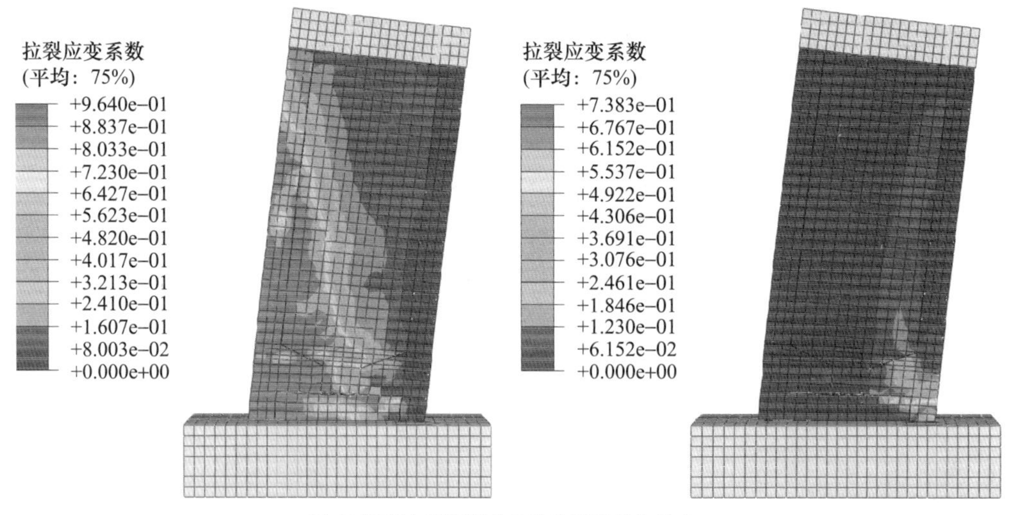

(e) 加载至$3\Delta_y$时混凝土拉伸和压缩损伤状态

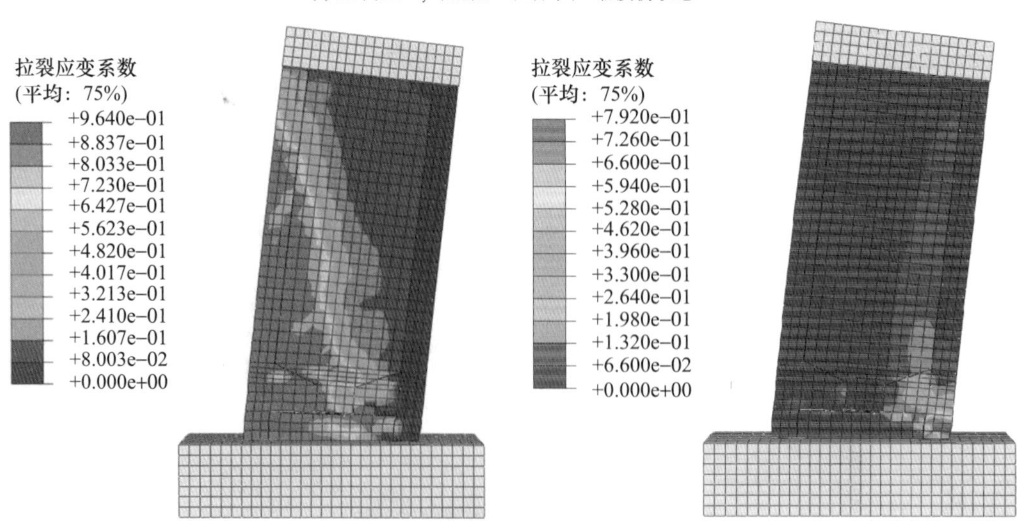

(f) 加载至$4\Delta_y$时混凝土拉伸和压缩损伤状态

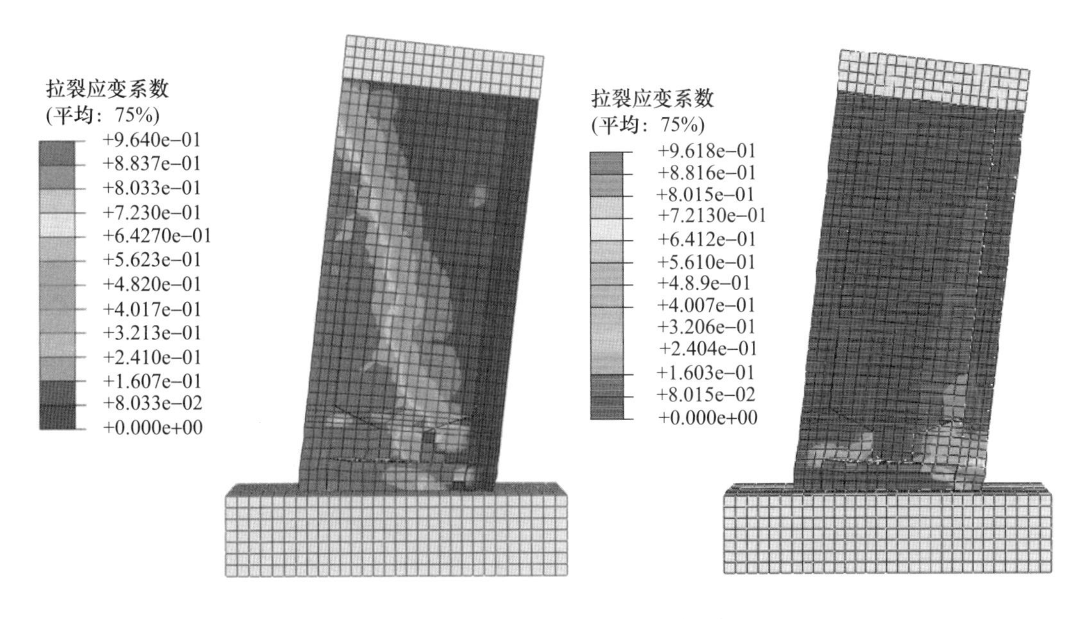

(g) 破坏阶段混凝土拉伸和压缩损伤状态

图 3-42 混凝土损伤过程

（2）骨架曲线

试验骨架曲线和有限元模型的分析结果对比如图 3-43 和表 3-13 所示。

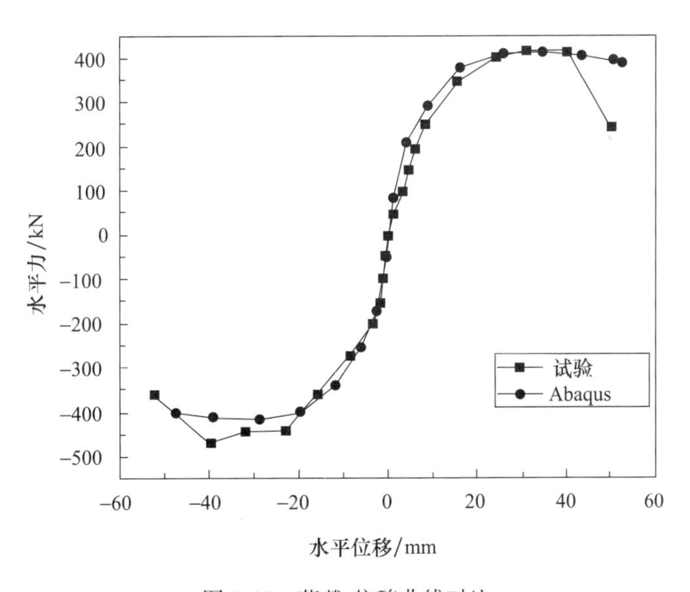

图 3-43 荷载-位移曲线对比

由图和表可知，有限元模拟结果的正向部分与试验结果吻合较好，最大承载力误差为 0.6%，位移误差为 5%，误差较小；有限元模拟结果的反向部分与试验结构有一定差别，最大承载力误差为 11.5%，位移误差为 16.9%。总体来看，有限元分析时选取的参数能够较好地反映试件的受力性能，采用上述模型模拟预制、后浇和新旧混凝土结合面的方法是可行的。有限元分析得到的极限荷载与试验值相差 29%，误差较大，但屈服荷载、峰值荷载、屈服位移三者误差在 15%以内。

表 3-13　有限元分析结果与试验结果对比

项次	屈服荷载 F_y/kN			峰值荷载 F_p/kN			极限荷载 F_u/kN			屈服位移 Δ_y/mm		
	正向	反向	平均	正向	反向	平均	正向	反向	平均	正向	反向	平均
试验	354.1	319.2	336.7	416.0	472.4	444.2	239.7	364.0	301.8	16.0	12.0	14.0
有限元	346.6			418.4			389.8			12		
差值（%）	3%			−6%			29%			−14%		

五、小结

（1）楔形节点现浇连接的装配式剪力墙试件的破坏形态与整体现浇剪力墙相似，均为先出现细小的水平裂缝，裂缝不断扩大并出现斜裂缝，后浇暗柱角部混凝土压碎剥落、竖向钢筋受拉屈服，破坏形态属于压弯破坏形式。

（2）有限元模拟分析得到的承载力、侧移均与试验结果相近，表明结合面切向本构模型采用的三阶段受力模型可以模拟楔形节点现浇连接的装配式剪力墙的受力性能。

（3）试验得到的楔形节点现浇连接的装配式剪力墙试件滞回曲线均较为饱满，耗能能力较强，屈服后变形性能较好，满足现行规范对装配式剪力墙结构在大震作用下塑性变形能力的要求。

第四节　复合齿槽连接装配式剪力墙抗震性能

一、试验概况

（一）试件设计

设计并制作了一个现浇剪力墙试件 RW1 和三个复合齿槽 U 形筋搭接连接装配式剪力墙试件 CPW1～CPW3。试件由预制墙体、暗柱、加载梁及地梁组成，所有试件几何尺寸相同，预制墙体尺寸为 2800mm×1100mm×200mm（高度×宽度×厚度），暗柱截面尺寸为 200mm×200mm，墙体分布钢筋为 ϕ10@200，复合齿槽区水平分布钢筋间距 75mm，U 形筋搭接形成的矩形平面四角内侧设置 4 根 ϕ14 水平插筋，箍筋 ϕ8@200，复合齿槽两侧各设置两根 ϕ10 竖向插筋，暗柱纵筋 4ϕ14，箍筋 ϕ8@150，墙顶与加载梁之间设置五根 ϕ10 附加锚固筋，墙体内锚固长度为 300mm，加载梁内锚固长度为 250mm。试件几何尺寸、配筋如图 3-44 所示，主要设计参数见表 3-14。

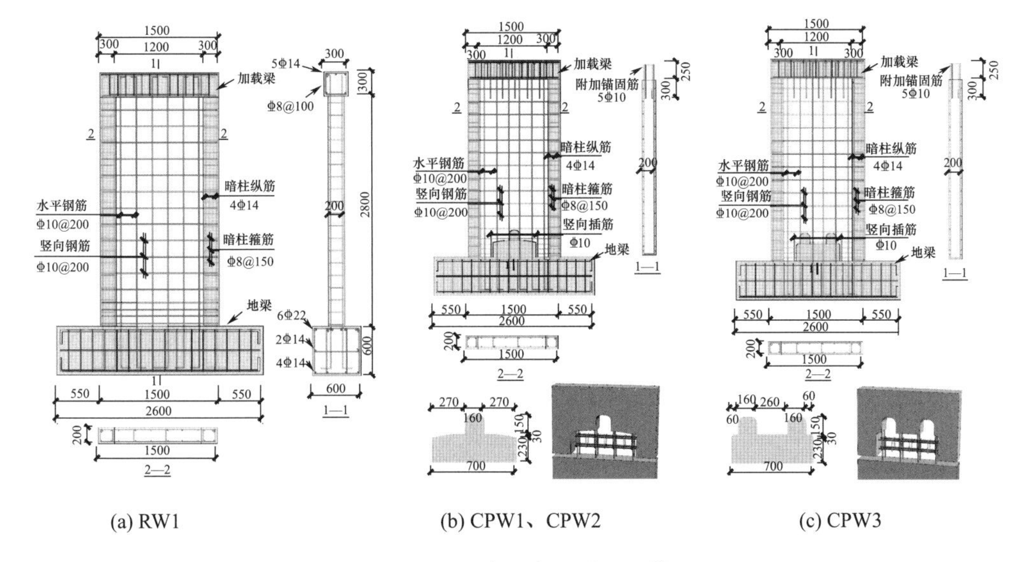

(a) RW1 (b) CPW1、CPW2 (c) CPW3

图 3-44 试件几何尺寸及配筋

表 3-14 试件主要设计参数

试件编号	填料口数	复合齿槽区混凝土类型	试验轴压比
RW1	—	—	0.12
CPW1	单填料口	普通混凝土	0.08
CPW2	单填料口	自密实混凝土	0.12
CPW3	双填料口	普通混凝土	0.12

预制剪力墙试件制作流程（图 3-45）如下：

（1）通过钢模板预留复合齿槽区，制作预制墙体和地梁钢筋笼，支模浇筑预制墙体和地梁混凝土。

（2）采用高压水冲洗预制墙体四周，形成粗糙面，绑扎暗柱和加载梁钢筋。

（3）吊装预制剪力墙，将地梁预埋外伸 U 形筋与剪力墙 U 形筋在复合齿槽区错位搭接连接，配置水平插筋和箍筋，将水平分布钢筋锚入两侧暗柱。

（4）浇筑暗柱、加载梁和复合齿槽区混凝土，完成预制墙体与暗柱和地梁之间的连接。

(a) 制作钢筋笼

(b) 浇筑预制墙混凝土

(c) 冲洗凿毛

(d) 吊装定位

(e) 后浇混凝土

(f) 制作完成

图 3-45　预制剪力墙试件制作

（二）材料力学性能

各试件预制墙体、暗柱和加载梁混凝土强度等级设计值均为 C30，复合齿槽区后浇混凝土有普通混凝土和自密实混凝土两种类型，其强度等级设计值均为 C35。每批次混凝土浇筑时，预留边长为 150mm 的标准混凝土立方体试块，试验当天进行混凝土立方体试块抗压强度试验，实测预制墙体 C30 混凝土抗压强度平均值为 47.5MPa，暗柱和加载梁 C30 混凝土抗压强度平均值为 48.3MPa，C35 普通混凝土和 C35 自密实混凝土立方体抗压强度平均值分别为 48.4MPa、49.9MPa。所有试件均采用 HRB400 级钢筋，按标准拉伸试验测得的钢筋力学性能指标见表 3-15。

表 3-15　钢筋力学性能指标

钢筋类型	直径/mm	屈服强度/MPa	抗拉强度/MPa
箍筋	8	455.9	647.5
分布钢筋	10	409.0	642.5
暗柱纵筋	14	458.3	611.7

（三）加载方案

试验加载装置如图 3-46 所示。竖向荷载由液压千斤顶施加，千斤顶上方设有滑动装置，确保试验过程中墙体在水平方向能自由移动；墙顶混凝土加载梁和竖向千斤顶之间放置刚性分配梁，保证轴力均匀分布；地梁两侧各放置一根钢压梁，通过地锚螺栓与实验室刚性地面固定。

试验时，首先通过 1000kN 液压千斤顶将竖向荷载缓慢施加至刚性分配梁中部，达到预定轴压力后保持恒定，然后通过 1000kN 水平千斤顶在加载梁中心处施加反复水平荷载（图 3-47）。采用荷载-位移混合控制加载制度，试件屈服前，采用荷载控制加载，分六级加载，每级荷载增量为 50kN，每级循环一次；试件屈服后（以暗柱最外侧纵筋屈服为准）采用位移控制加载，每级位移增量为屈服位移的整数倍，每级循环两次，当水平荷载下载至峰值荷载的 85%以下或试件破坏严重时，加载结束。

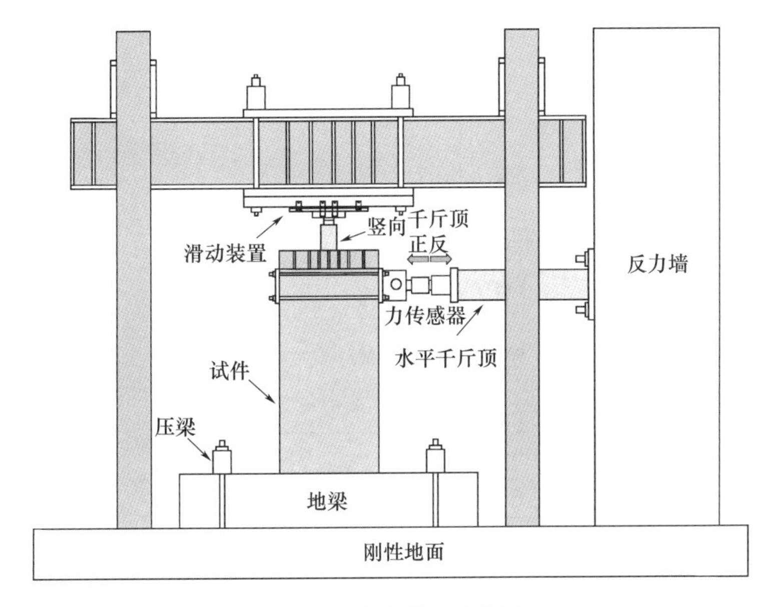

图 3-46　加载装置示意图

图 3-47　试验现场照片

（四）量测内容和测点布置

各试件位移计布置如图 3-48 所示。墙体左侧布置四个位移计，主要用于量测墙体顶部、中部及底部塑性变形集中区域的水平位移。地梁顶面和左侧面分别布置两个和一个位移计，用以量测加载过程中地梁的水平位移和转动。为研究墙体控制截面的应力状态，验证平截面假定，判断钢筋是否屈服和 U 形筋应力传递情况，在距离地梁顶面 50mm、150mm 和 300mm 的剪力墙竖向分布钢筋（单面）和暗柱纵筋上设置钢筋应变测点，如图 3-49 所示。

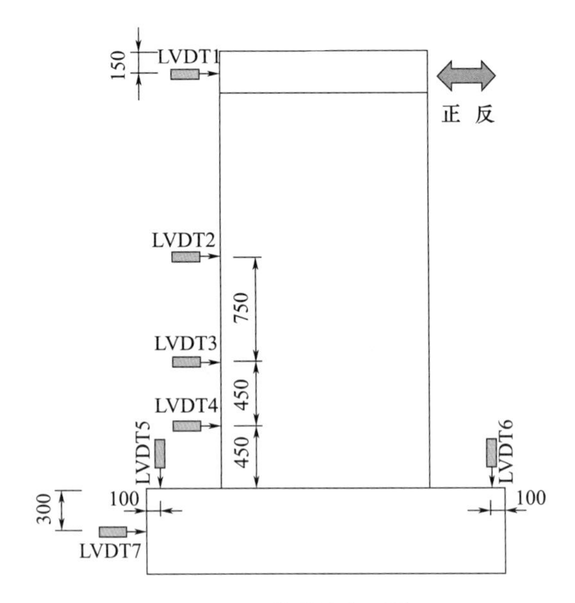

图 3-48　位移计布置图

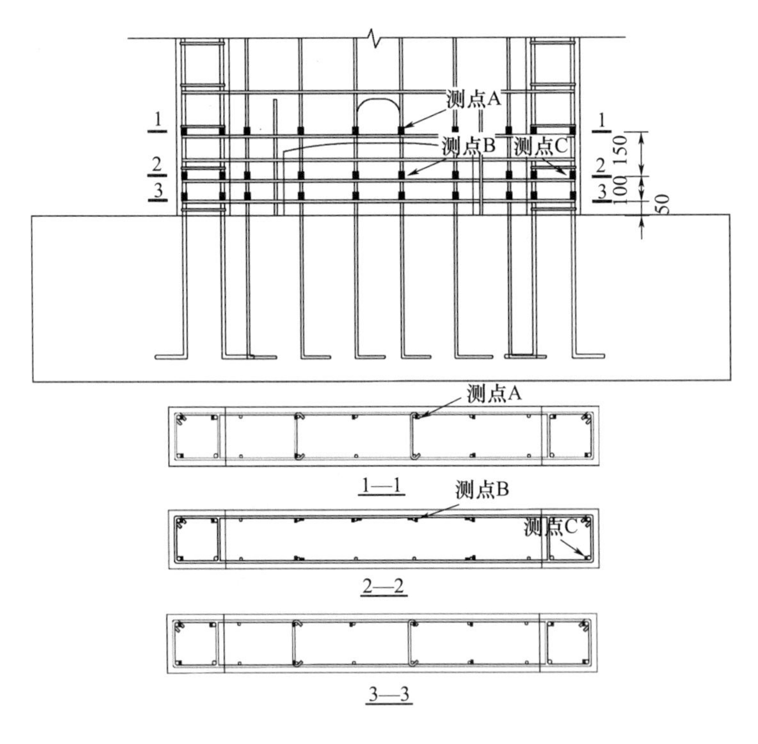

图 3-49　钢筋应变测点布置

二、试验现象及破坏形态

对试件 RW1，当水平荷载加载至 204.5kN 时，右侧暗柱距墙底 500mm 高度处出现第一条水平裂缝。随着水平荷载的增加，暗柱新增多条水平裂缝，原有水平裂缝向墙体中部延伸。加载至 $\Delta=10$mm（位移角 $\theta=1/295$）时，暗柱最外侧纵筋屈服，水平裂缝大致沿 45°斜向下发展。当水平位移 $\Delta=24\text{mm}$（$\theta=1/123$），距墙底 1m 高度范围内墙身出现大量裂缝，原有裂缝继续斜向下发展，并延伸相交。当水平荷载达到峰值时（$\theta=1/101$），墙体左侧角部混凝土部分压溃脱落，墙体与地梁结合界面形成通缝，裂缝宽度约 1mm，距地梁顶面 100mm、300mm 和 500mm 高度处形成三条水平裂缝。此后随着水平位移的继续增加，墙体基本不再出现新增裂缝，主裂缝宽度逐渐增加。当水平位移 $\Delta=60\text{mm}$（$\theta=1/50$）时，暗柱底部混凝土压碎脱落，钢筋外鼓，墙体变形过大且破坏严重，加载结束。

试件 CPW1～CPW3 各阶段破坏规律相似，破坏特征略有不同。试件 CPW1～CPW3 墙体出现第一条裂缝时对应的水平荷载分别为 200.7kN、248.5kN 和 279.9kN。随着水平荷载的增加，墙身和暗柱出现多条水平裂缝。当加载至 $\Delta=6\text{mm}$（$\theta=1/492$）时，裂缝沿复合齿槽新旧混凝土结合面延伸发展，暗柱最外侧纵筋屈服。随着水平位移的增加，墙体中部出现多条水平裂缝，并沿 45°斜向下延伸发展，暗柱内侧纵筋屈服，墙体与地梁结合面形成一条约 1mm 宽的通缝。当水平荷载达到峰值（CPW1～CPW3 对应的位移角 θ 分别为 1/84、1/125、1/103）时，在墙体中部约 700mm 高度处形成交错状裂缝，试件 CPW1 左侧角部混凝土保护层部分剥落。水平位移继续增加，墙体两侧角部混凝土压溃脱落，暗柱纵筋压屈外鼓，暗柱外侧纵筋被拉断，其余钢筋均屈服，墙体与地梁结合面裂缝宽度增大至约 3mm，水平荷载下降至峰值荷载的 85%以下，墙体破坏严重，加载结束。

试件最终破坏形态和裂缝分布如图 3-50 所示。各试件均发生暗柱纵筋压屈，墙体两侧角部混凝土压碎剥落的压弯破坏。各试件裂缝分布情况略有不同：现浇试件 RW1 裂缝发展较充分，轴压比较小的试件 CPW1 比试件 CPW2、CPW3 斜裂缝少，且主要集中于墙体中下部；试件 CPW1 裂缝发展高度与现浇试件基本相同，斜裂缝数量较现浇试件少；现浇试件以距墙底 500mm 高度范围内的三条水平裂缝为主，预制试件裂缝主要集中于复合齿槽区新旧混凝土结合面，并贯通整个墙体；试件 RW1 和 CPW3 墙体两侧混凝土剥落范围最大，CPW2 次之，CPW1 最小。由于地梁表面未进行凿毛处理，试验过程中，各预制墙体与地梁结合面之间裂缝贯通，墙体与地梁之间发生了一定的剪切滑移。

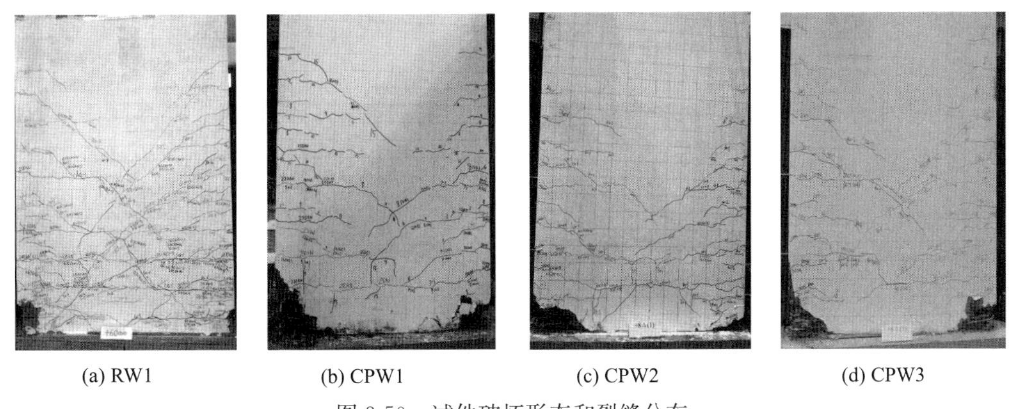

(a) RW1　　(b) CPW1　　(c) CPW2　　(d) CPW3

图 3-50　试件破坏形态和裂缝分布

三、试验结果与分析

（一）滞回曲线与骨架曲线

各试件滞回曲线如图 3-51 所示。开裂前滞回曲线基本呈线性变化，滞回面积小，呈尖梭形，卸载后几乎无残余变形；开裂后，暗柱纵筋达到屈服，钢筋塑性变形累积增大，曲线斜率逐渐减小，滞回环面积逐渐增大并趋于饱满，耗能能力提高。由于裂缝的发展，墙体与地梁结合面之间的裂缝宽度不断增大，滞回环捏拢现象逐渐明显，卸载时，墙底裂缝闭合，捏拢现象更加明显。

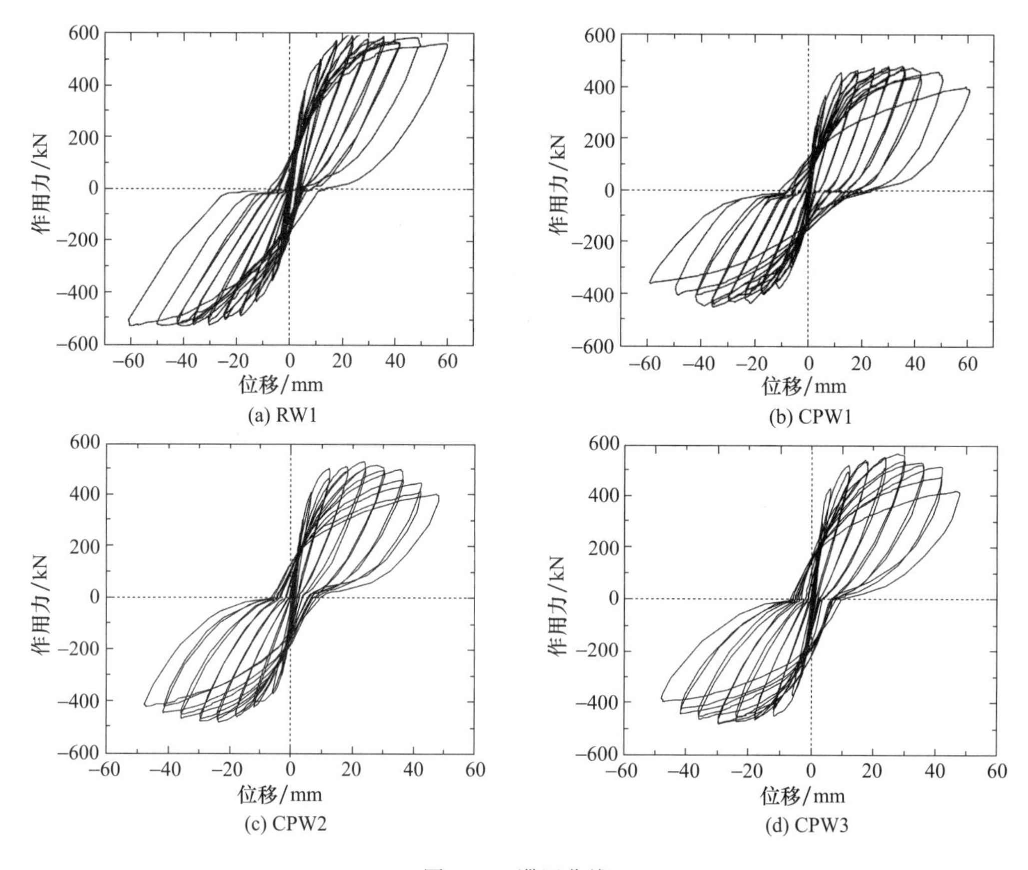

图 3-51　滞回曲线

各试件骨架曲线如图 3-52 所示。由图可见，加载初期，骨架曲线基本呈线性，各试件初始刚度基本一致，试件开裂后，滞回曲线逐渐偏离直线，呈现弹塑性特征，当水平荷载达到峰值后，墙体两侧角部混凝土压溃剥落，暗柱纵筋和墙体分布钢筋屈服，承载力降低。轴压比为 0.08 的试件 CPW1 峰值荷载均小于其他试件，达到峰值荷载后曲线有较长的近似水平段，承载力无明显下降。轴压比为 0.12 的试件 CPW2、CPW3 骨架曲线反向走势基本相同，正向峰值荷载 CPW3 略高于 CPW2，试件 CPW2、CPW3 达到峰值荷载后承载力下降较快。

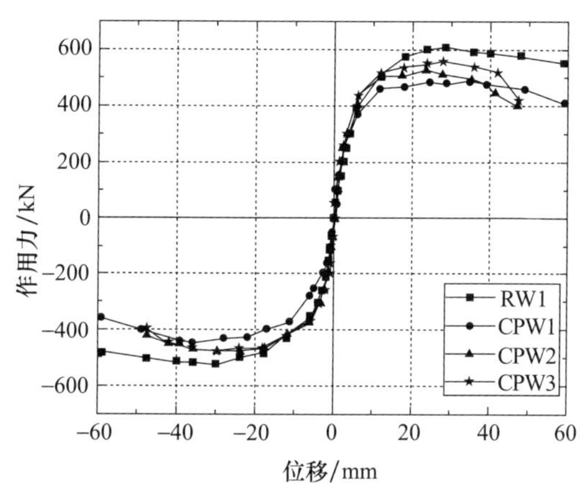

图 3-52　骨架曲线

（二）承载力

表 3-16 为各试件的开裂荷载 F_{cr}、屈服荷载 F_y 和峰值荷载 F_m。其中屈服荷载为采用 Park 法[53]确定的名义屈服点对应的水平荷载。由表可知，轴压比为 0.08 的试件 CPW1 开裂荷载与 RW1 接近，CPW2 和 CPW3 开裂荷载值相比 RW1 分别提高 21.5% 和 36.8%，这是由于预制试件墙体竖向分布钢筋采用 U 形筋在复合齿槽区搭接连接，配置水平插筋和箍筋，水平分布钢筋加密，在水平接缝处形成暗梁，对墙体底部具有强化作用。试件 CPW1、CPW2 和 CPW3 的峰值荷载约为试件 RW1 的 88.9%、92.3%和 81.9%，这是由于预制试件墙体与地梁和两侧暗柱存在新旧混凝土结合面，裂缝沿结合面大量发展，削弱了剪力墙整体性，使预制试件承载力有所降低。总体来说，试件 CPW2、CPW3 与试件 RW1 相比峰值荷载相差不大，说明同一轴压比下的复合齿槽 U 形筋搭接连接装配式剪力墙承载力与现浇剪力墙相当。试件 CPW2 和 CPW3 的峰值荷载相差不超过 4%，说明相同轴压比条件下，采用双填料口后浇普通混凝土与采用单填料口后浇自密实混凝土的预制试件承载力相当。

表 3-16　试件各阶段水平荷载

试件编号	开裂荷载 F_c/kN			屈服荷载 F_y/kN			峰值荷载 F_m/kN			计算值 F_c/kN	F_m/F_c
	正向	反向	平均	正向	反向	平均	正向	反向	平均		
RW1	204.5	206.6	205.6	515.0	431.9	473.5	610.3	522.5	566.4	441.8	1.28
CPW1	200.7	201.4	201.1	395.7	375.6	385.7	484.1	443.7	463.9	373.9	1.24
CPW2	248.5	255.1	251.8	432.8	381.5	407.2	526.3	479.7	503.0	444.1	1.13
CPW3	279.7	280.1	279.9	458.6	384.9	421.8	565.1	480.2	522.7	442.9	1.18
平均值											1.18
变异系数											0.04

注：平均值和变异系数不包括试件 RW1。

（三）延性

定义层间位移角 $\theta=\Delta/H$，Δ 为加载点的水平位移，H 为加载点至墙底的距离。由于试件 RW1 加载结束时水平荷载仅下降至峰值荷载的 92%，为在同一水平下对比分析预制试件与现浇试件的延性，采用位移延性系数μ_1和μ_2表征试件延性。其中$\mu_1=\Delta_{u_1}/\Delta_y$，$\mu_2=\Delta_{u_2}/\Delta_y$，$\Delta_y$为试件屈服时对应的水平位移，$\Delta_{u_1}$为水平荷载下降至峰值荷载的92%时对应的水平位移，Δ_{u_2}为水平荷载下降至峰值荷载的85%时对应的水平位移。表3-17列出了各试件主要阶段的变形特征值。由表3-17可知，试件RW1的平均极限位移角分别比试件CPW2～CPW3高25.4%、24.2%，试件RW1和试件CPW1的平均极限位移角接近，说明相同轴压比条件下，预制试件比现浇试件变形能力更低，降低轴压比可以提高预制试件变形能力。预制试件的极限位移角为1/72～1/51，远大于规范[69]规定的弹塑性极限位移角限值1/120。预制试件位移延性系数μ_1的平均值比现浇试件高12%，轴压比相同的预制试件CPW2、CPW3位移延性系数μ_2相差不超过2%，所有预制试件的位移延性系数均大于5，复合齿槽U形筋搭接连接装配式剪力墙延性高于现浇剪力墙，延性较好。

表3-17　试件主要阶段变形值

试件编号	加载方向	开裂		屈服		极限		μ_1	μ_2
		Δ_{cr}/mm	θ_{cr}	Δ_y/mm	θ_y	Δ_u/mm	θ_u		
RW1	正向	2.67	1/1105	12.68	1/233	59.13	1/50	4.66	—
	反向	2.02	1/1460	12.29	1/240	59.48	1/50	4.84	—
	平均	2.35	1/1283	12.49	1/237	59.31	1/50	4.75	—
CPW1	正向	2.39	1/1234	7.65	1/386	58.19	1/51	6.79	7.61
	反向	2.85	1/1035	12.08	1/244	53.88	1/55	3.84	4.46
	平均	2.62	1/1135	9.87	1/315	56.04	1/53	5.34	6.04
CPW2	正向	2.58	1/1143	7.65	1/386	41.07	1/72	4.84	5.37
	反向	2.36	1/1250	7.38	1/400	47.50	1/62	5.81	6.44
	平均	2.47	1/1197	7.52	1/393	44.29	1/67	5.26	5.91
CPW3	正向	2.97	1/993	7.92	1/372	43.80	1/67	5.22	5.53
	反向	2.80	1/1054	7.49	1/394	45.88	1/64	5.55	6.13
	平均	2.89	1/1024	7.71	1/383	44.84	1/66	5.39	5.83

注：Δ_{cr}为开裂荷载对应位移；θ_{cr}为开裂荷载对应层间位移角；Δ_y为屈服位移；θ_y为屈服层间位移角；Δ_p为峰值荷载对应位移；θ_p为峰值荷载对应层间位移角；Δ_u为极限荷载对应位移；θ_u为极限荷载对应层间位移角；μ为位移延性系数。

（四）耗能能力

试件的耗能能力以滞回曲线所包围的面积来衡量，采用第i次循环时的累计耗能E_i分析试件耗能能力，如图3-53所示。由图可知，随着水平位移的增大，各试件累计耗能不断增加，加载前期各试件累计耗能基本相同，增幅较慢，加载后期累计耗能差异逐渐明显，增幅较大。在同一位移下，预制试件的累计耗能比现浇试件略大。试件CPW2总耗能值为试件RW1的84%，这是由于试件CPW2裂缝发展没有现浇试件充分，裂缝的张开与闭合及钢筋的拉伸和压缩参与耗能较少，裂缝沿复合齿槽区新旧混凝土结合面发展，削弱了复合齿槽区暗梁对墙体底部强化作用。试件CPW3累计耗能与现浇试件接近，表明相同轴压比条件下，复合齿槽区设置双填料口，后浇普通混凝土的预制剪力墙与现浇剪力墙耗能能力相当。

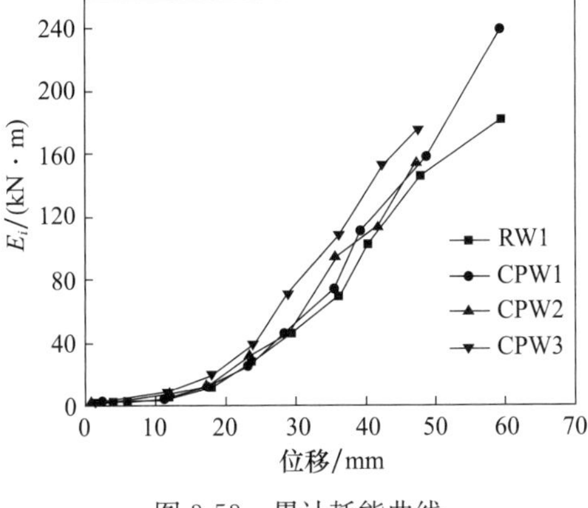

图 3-53　累计耗能曲线

（五）刚度退化

图 3-54（a）为各试件归一化割线刚度退化曲线。由图可知，随水平位移的增加，各试件刚度逐渐持续退化，由于裂缝的增加和已有裂缝的发展，试件屈服前刚度退化较快，屈服后刚度退化缓慢。加载后期，墙体主裂缝形成，基本不再出现新增裂缝，各试件刚度趋于一致。试件 CPW1 与试件 RW1 的开裂刚度相近，这是由于试件 CPW1 的底部强化作用增加了试件开裂刚度，试件 CPW2、CPW3 的开裂刚度相比试件 RW1 增加了 22.5%、13.7%。与试件 RW1 相比，试件 CPW1 屈服刚度增加了 6.5%，试件 CPW2、CPW3 屈服刚度增幅均超过 50%，说明试件屈服前，复合齿槽区暗梁底部强化作用对试件刚度的影响逐渐增大。图 3-54（b）为归一化割线刚度退化对比。由图可知，预制试件的刚度退化速率略大于现浇试件，试件 CPW1 屈服前刚度退化趋势与试件 RW1 基本一致，屈服后刚度退化速率增大；试件 CPW2 与 CPW3 刚度退化趋势基本相同，退化速率均大于试件 RW1 和试件 CPW1，墙体开裂时，试件 RW2、RW3 刚度分别降至初始刚度的 56%和 52%，达到屈服时，分别降至初始刚度的 31%和 32%，之后刚度退化趋于一致，说明后浇区采用自密实混凝土和复合齿槽区设置双填料口对试件刚度退化影响基本相同。

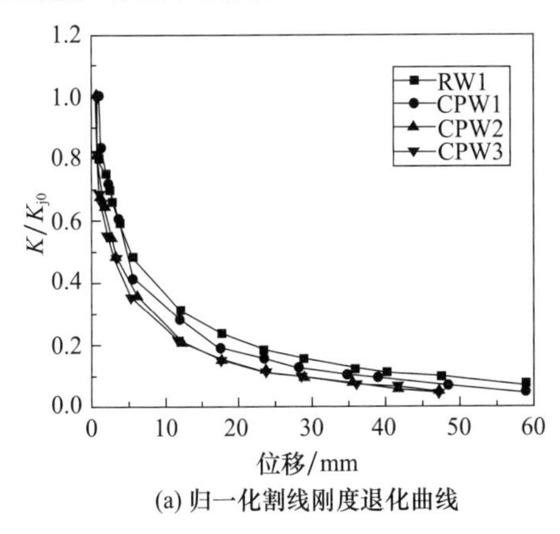

(a) 归一化割线刚度退化曲线

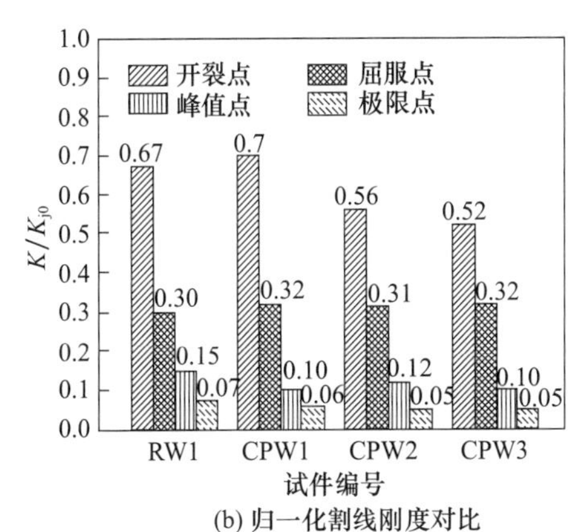

(b) 归一化割线刚度对比

图 3-54　各试件割线刚度退化

（六）钢筋应变分布

图 3-55 所示为试件 CPW1～CPW3 距墙底 300mm 和 50mm 高度处复合齿槽区竖向钢筋应变分布图，x 为测点与墙体正面左侧的距离，钢筋应变正值表示拉应变，负值表示压应变。由图可知，试件屈服前，钢筋应变分布基本符合平截面假定。复合齿槽区上下 U 形筋钢筋应变变化趋势基本相同。以试件 CPW2 墙体竖向分布钢筋和地梁外伸 U 形筋的应变-位移关系曲线为例（图 3-56），其余预制试件钢筋应变-位移关系曲线与试件 CPW2 基本相同，图 3-56（a）表示试件 CPW2 墙体竖向分布钢筋应变测点 A。由图可见，剪力墙底部 U 形筋应变较大，塑性变形发展充分，地梁外伸 U 形筋应变测点 B［图 3-56（b）］曲线走势与测点 A 相似，反向加载时钢筋应变值基本相同，均接近屈服应变，正向加载时测点 B 钢筋最大应变值比测点 A 高 27.9%，且测点 B 钢筋达到屈服应变，说明 U 形筋在复合齿槽区搭接连接锚固性能良好，能够有效传递钢筋应力。图 3-56（c）为试件 CPW2 暗柱外侧纵筋测点 C 的应变-位移曲线。由图可知，试件屈服前，钢筋拉压应变基本对称，随着水平位移的增加，正反向加载时，钢筋位移-应变曲线出现环状曲线，具有一定的耗能能力。墙体受拉侧底部首先受拉开裂，钢筋较早达到屈服应变，钢筋拉应变值较大，与试验现象吻合。

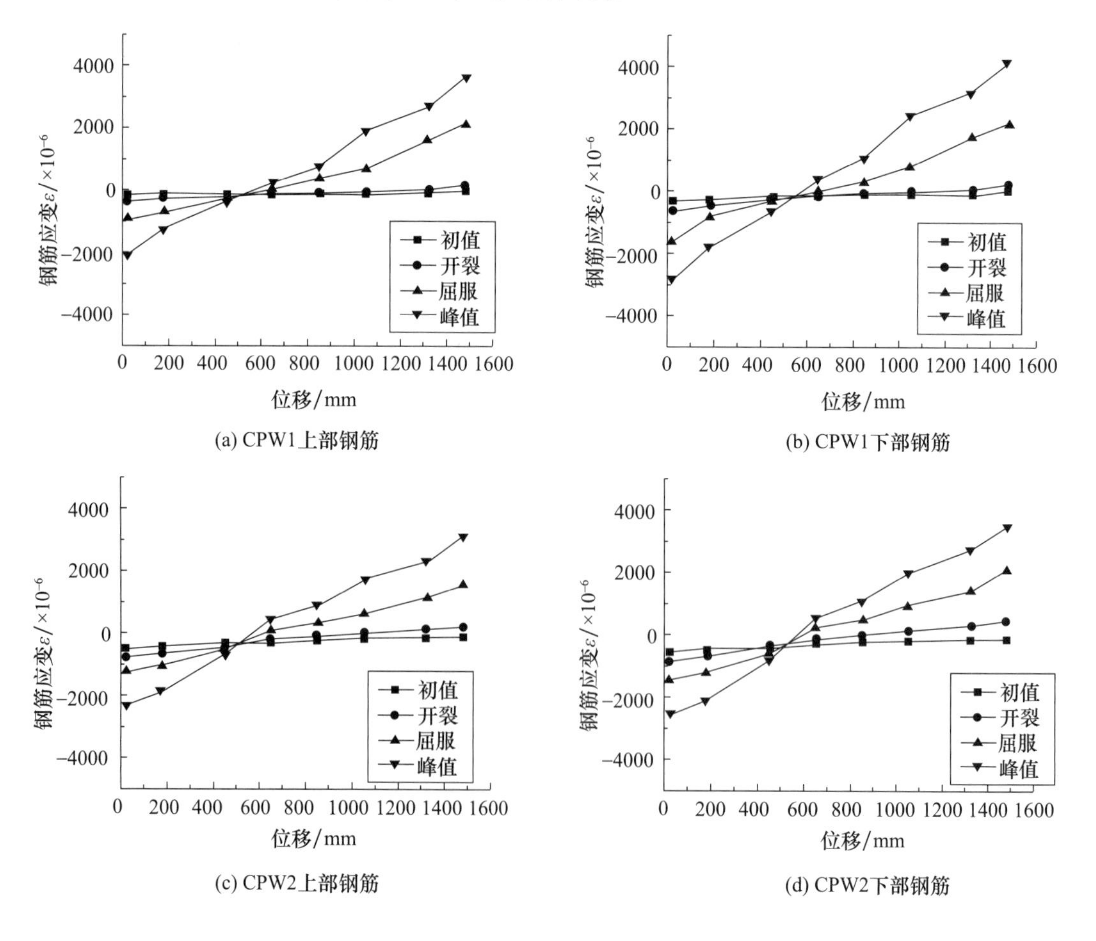

(a) CPW1上部钢筋

(b) CPW1下部钢筋

(c) CPW2上部钢筋

(d) CPW2下部钢筋

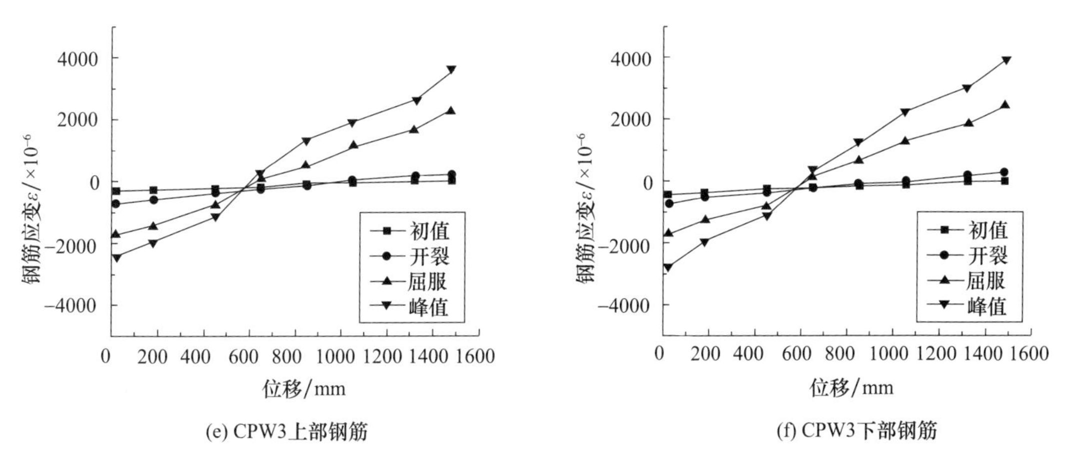

(e) CPW3上部钢筋　　(f) CPW3下部钢筋

图 3-55　预制试件钢筋应变分布

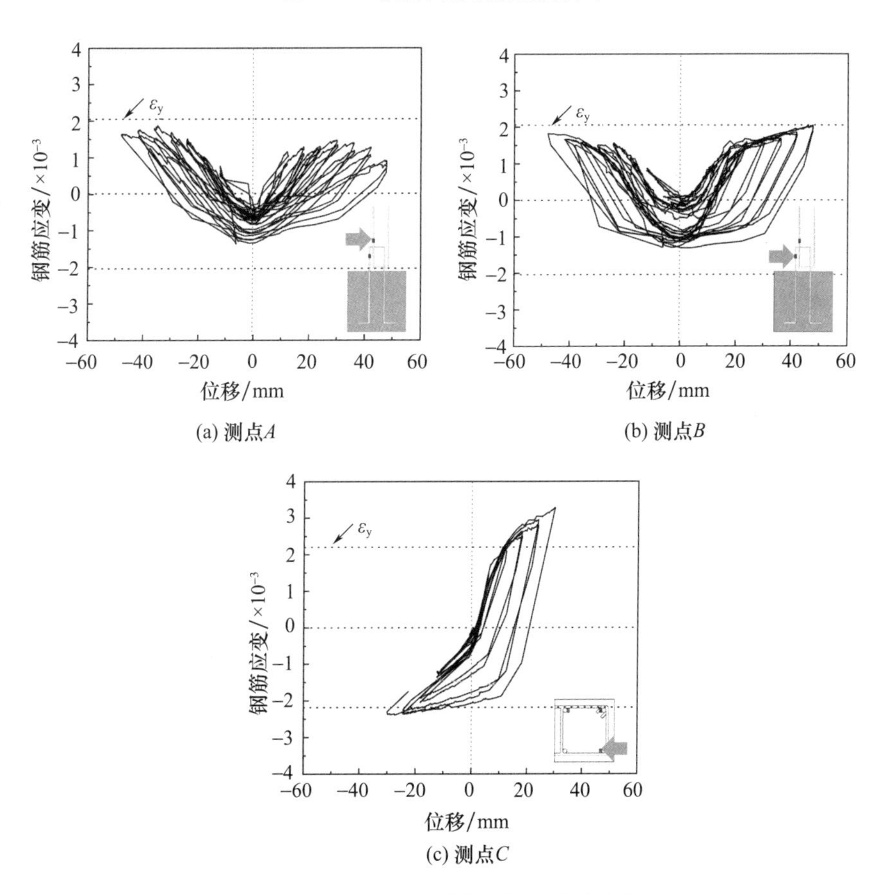

(a) 测点A　　(b) 测点B

(c) 测点C

图 3-56　试件 CPW2 钢筋应变-位移关系曲线

四、数值模拟分析

（一）材料本构模型

钢筋采用双折线弹性强化模型本构关系，钢筋屈服后强化段弹性模量为 $0.01E_s$，钢筋的密度为 7800kg/m^3，泊松比为 0.3。混凝土的受拉受压应力-应变关系曲线如图 3-57所示。其中 $f_{t,r}$、$f_{c,r}$分别为混凝土单轴抗拉强度代表值和单轴抗压强度标准值；$\varepsilon_{t,r}$、$\varepsilon_{c,r}$分别为混凝土单轴抗拉强度代表值和单轴抗压强度标准值对应的混凝土峰值应变；α_t、α_c 分别为混凝土单轴受拉应力-应变曲线和混凝土单轴受压应力-应变曲线下降段的参数值；d_t、d_c 分别为混凝土单轴受拉损伤演化参数和混凝土单轴受压损伤演化参数。

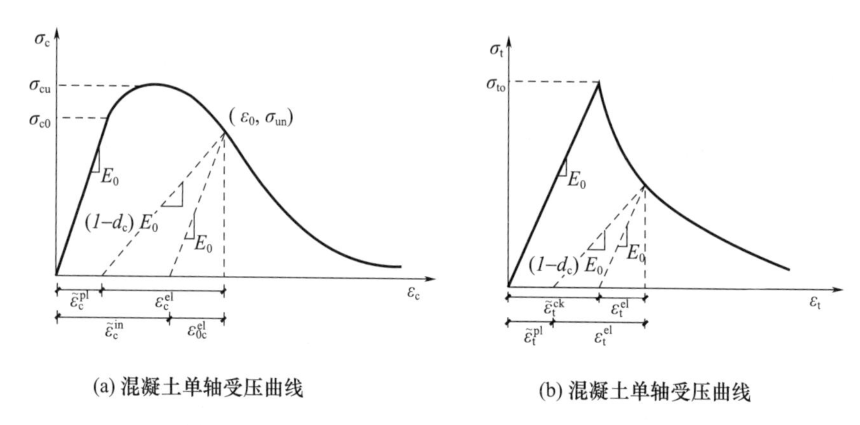

(a) 混凝土单轴受压曲线　　(b) 混凝土单轴受压曲线

图 3-57　混凝土单轴受拉和单轴受压本构关系曲线

（二）模型建立

为了提高模型运行效率，减少计算时间，有限元分析过程采用分离式建模方案。混凝土单元采 C3D8R 实体单元进行模拟，并对混凝土单元进行结构化网格划分，网格按全局尺寸取为 50mm×50mm×50mm；钢筋采用三维桁架单元 T3D2 模型，对不同直径的钢筋指定各自的截面属性，通过 Embedded 方式将所有钢筋组成钢筋骨架再嵌入混凝土单元中，不考虑钢筋与混凝土之间的相对滑移。

预制混凝土剪力墙与地梁之间存在新老混凝土施工缝，在低周往复荷载试验过程中，该结合面受到的剪力较大，出现了不同程度的滑移现象。因此，有限元模型采用接触关系对新旧混凝土结合面进行模拟，主要包括法向和切向的接触关系。其中法向受压采用“硬接触”模拟；切向接触采用“基于界面的黏结行为”与库仑摩擦准则的组合来模拟[70]。

现浇试件 XJW1 中竖向钢筋贯通整个墙身、地梁和加载梁，因此将墙体与地梁中的钢筋笼建模为一个整体，通过相互作用模块中的嵌入功能定义钢筋和混凝土的相互作用，剪力墙与地梁绑定连接。

对于预制试件 YZW1～YZW3，由于预制混凝土剪力墙中的竖向 U 形筋与地梁上伸出的 U 形筋不连续，故将墙体中的水平、竖向钢筋与地梁钢筋笼分别建模，然后通过相互作用模块中的嵌入功能定义钢筋笼和混凝土部件的相互作用，采用相互作用模块中的绑定连接模拟 U 形筋接触搭接关系，建模分析过程中不考虑剪力墙和地梁之间 20mm 厚的坐浆层，统一按后浇混凝土计算。为模拟装配式结构的连接，剪力墙、后浇复合齿槽区域和地梁之间设置“接触”连接，其切向行为采用摩擦公式——罚函数，摩擦系数取 0.4，法向行为定义为硬接触，允许接触后分离。

为了更好地模拟试验实际加载过程，有限元模型的边界条件采用将地梁底面固定约束。第一个分析步时，选取地梁底面施加固定约束，在加载梁上表面施加均布荷载(对于试验轴压比 0.08 的试件，施加荷载为 1.58N/mm²；对于试验轴压比 0.12 的试件，施加荷载为 2.38N/mm²)，边界条件持续至分析结束。第二个分析步时，在加载梁一侧端部设置参考点 RP1，将 RP1 与加载梁侧面耦合，对参考点 RP1 施加单向水平力，得到剪力墙在单向水平荷载作用下的有限元模型，试件 YZW1 建模过程如图 3-58 所示。

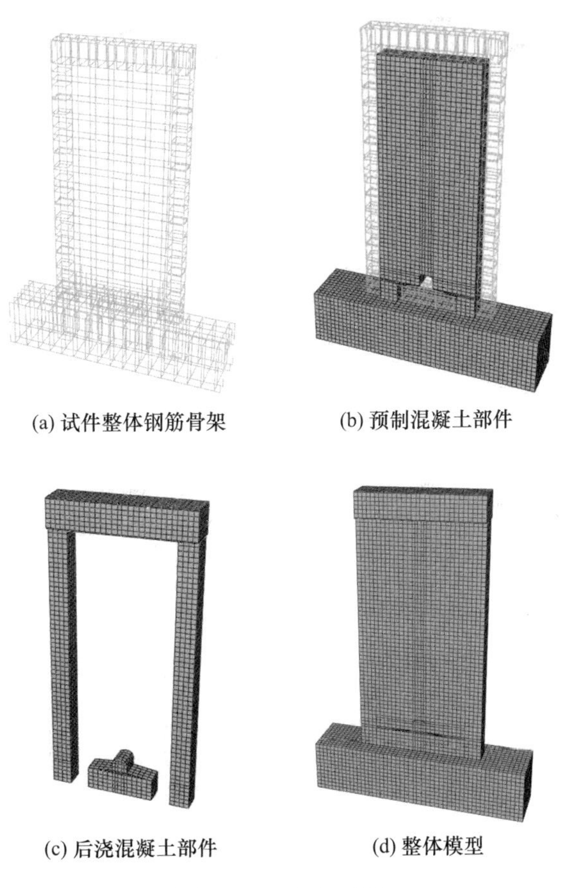

(a) 试件整体钢筋骨架　(b) 预制混凝土部件

(c) 后浇混凝土部件　(d) 整体模型

图 3-58　有限元模型

（三）有限元分析与试验结果比较

（1）骨架曲线

图 3-59 所示为各试件在恒定轴力和单调水平推覆荷载作用下的水平力-位移曲线的有限元计算结果与试验实测值的骨架曲线的对比。表 3-18 列出了各试件主要阶段试验结果和有限元结果。

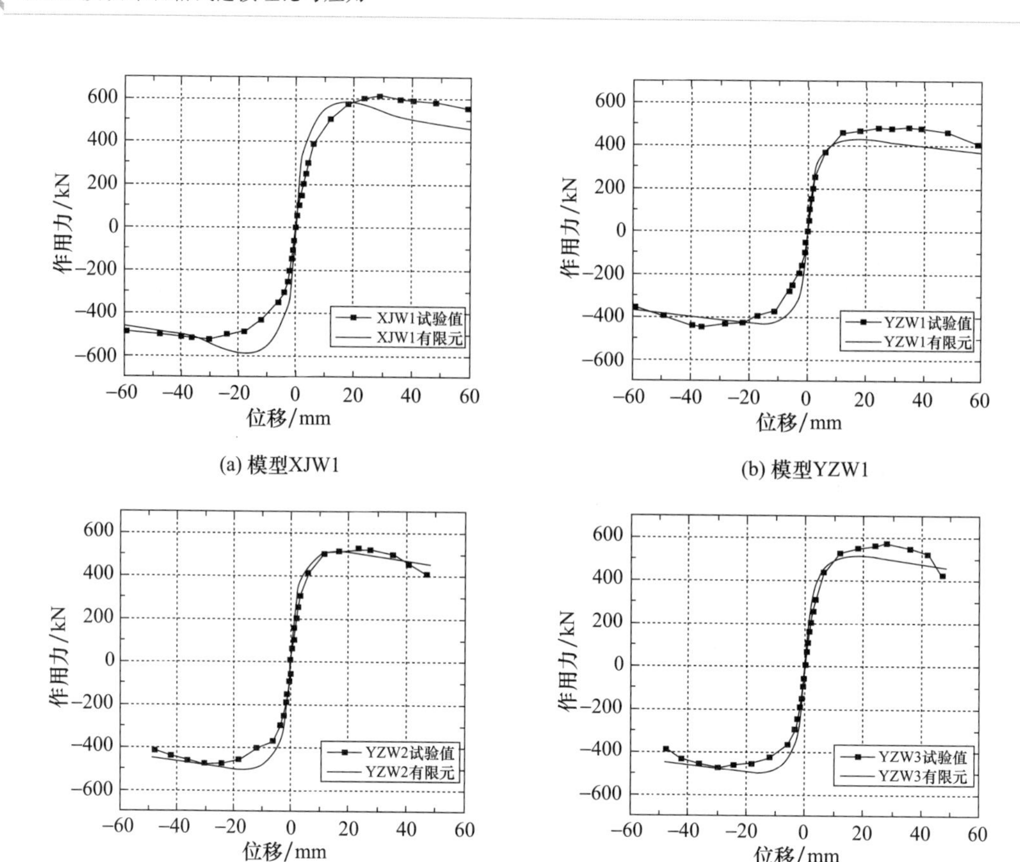

(a) 模型XJW1

(b) 模型YZW1

(c) 模型YZW2

(d) 模型YZW3

图 3-59 各试件骨架曲线试验值和模拟值对比图

表 3-18 各试件有限元结果与试验结果对比

编号		屈服荷载 F_y/kN			峰值荷载 F_p/kN			极限荷载 F_u/kN		
		正向	反向	平均	正向	反向	平均	正向	反向	平均
XJW1	试验结果	515.4	432.5	473.9	610.3	522.5	566.4	555.9	482.2	519.1
	有限元结果	490.8			583.1			480.7		
	差值（%）	3.6%			2.9%			−7.4%		
YZW1	试验结果	397.2	367.3	382.3	484.1	443.7	463.9	411.5	377.1	394.3
	有限元结果	348.2			428.6			382.5		
	差值（%）	−8.9%			−7.6%			−3.0%		
YZW2	试验结果	434.5	381.4	400.6	526.3	479.7	503.0	447.3	421.7	434.5
	有限元结果	410.9			505.3			448.6		
	差值（%）	2.6%			0.5%			3.2%		
YZW3	试验结果	460.4	385.9	423.2	565.1	480.1	522.6	480.3	408.1	444.2
	有限元结果	413.5			503.6			452.4		
	差值（%）	−2.3%			−3.6%			1.8%		

由图表可获得以下结论：

1）各试件有限元模拟得到的峰值荷载与试验实测承载力均比较接近，试件XJW1数值模拟计算得到的极限承载力为583.1kN，试验实测正向推覆承载力为610.3kN，反向拉伸承载力为522.5kN，有限元模拟承载力与试验平均承载力的相对误差为2.9%；试件YZW1数值模拟计算得到的极限承载力为428.6kN，试验实测正向推覆承载力为484.1kN，反向拉伸承载力为443.7kN，有限元模拟承载力与试验平均承载力的相对误差为−7.6%；试件YZW2数值模拟计算得到的极限承载力为505.3kN，试验实测正向推覆承载力为526.3kN，反向拉伸承载力为479.7kN，有限元模拟承载力与试验平均承载力的相对误差为0.5%；试件YZW3数值模拟计算得到的极限承载力为503.6kN，试验实测正向推覆承载力为565.1kN，反向拉伸承载力为480.2kN，有限元模拟承载力与试验平均承载力的相对误差为−3.6%。除峰值荷载外，各试件的屈服荷载、极限荷载的有限元结果与试验结果均相差不超过10%，表明有限元模拟结果达到精度要求，采用上述模型模拟预制、后浇和新旧混凝土结合面的方法及选取的参数能够较为准确地反映出试件的受力性能。

2）现浇试件和预制试件的有限元计算曲线均包括开裂前的弹性阶段、屈服阶段和下降阶段。在弹性阶段，预制剪力墙模型的有限元骨架曲线得到的初始刚度和试验结果相差不大，但墙体开裂后模型计算刚度高于试验值；试件XJW1的有限元初始刚度明显大于试验实测初始刚度。

3）预制混凝土剪力墙有限元模型峰值荷载对应的位移小于试验峰值荷载对应的位移，极限荷载时，试验荷载-位移骨架曲线下降得很快。

（2）破坏位置

等效塑性应变表示试验加载过程中试件塑性应变的累积结果，等效塑性应变大于零表示混凝土材料发生了屈服。图3-60为各试件等效塑性应变分布云图。从图中可以看出，各试件的塑性应变均出现在剪力墙角部，与试验结束时试件最终破坏形态基本吻合。有限元模拟得出的塑性铰区域相对试验来说较小，主要是由于试验过程中是低周往复加载，混凝土累积损伤较大。各试件的混凝土拉伸损伤因子梯度线在墙体暗柱区域近似水平，由边缘到中部沿一定角度斜向发展，与试验加载过程中混凝土裂缝发展情况基本一致。从图中可以看出，现浇试件XJW1的损伤程度较大，试验中表现为XJW1裂缝开展更加充分。

图3-61为四个剪力墙在轴力和单向水平推覆力作用下达到极限状态时的钢筋应力分布云图。由图可知，各试件边缘构件纵筋底部分别受拉受压屈服，剪力墙竖向分布钢筋也基本屈服；而墙体上部钢筋仍处于弹性状态，墙体底部靠近地梁处钢筋应力最大。有限元钢筋应力分布云图与试验采集到的钢筋应变数据一致，试验中表现为受拉钢筋伸长甚至拉断，受压区钢筋压屈。

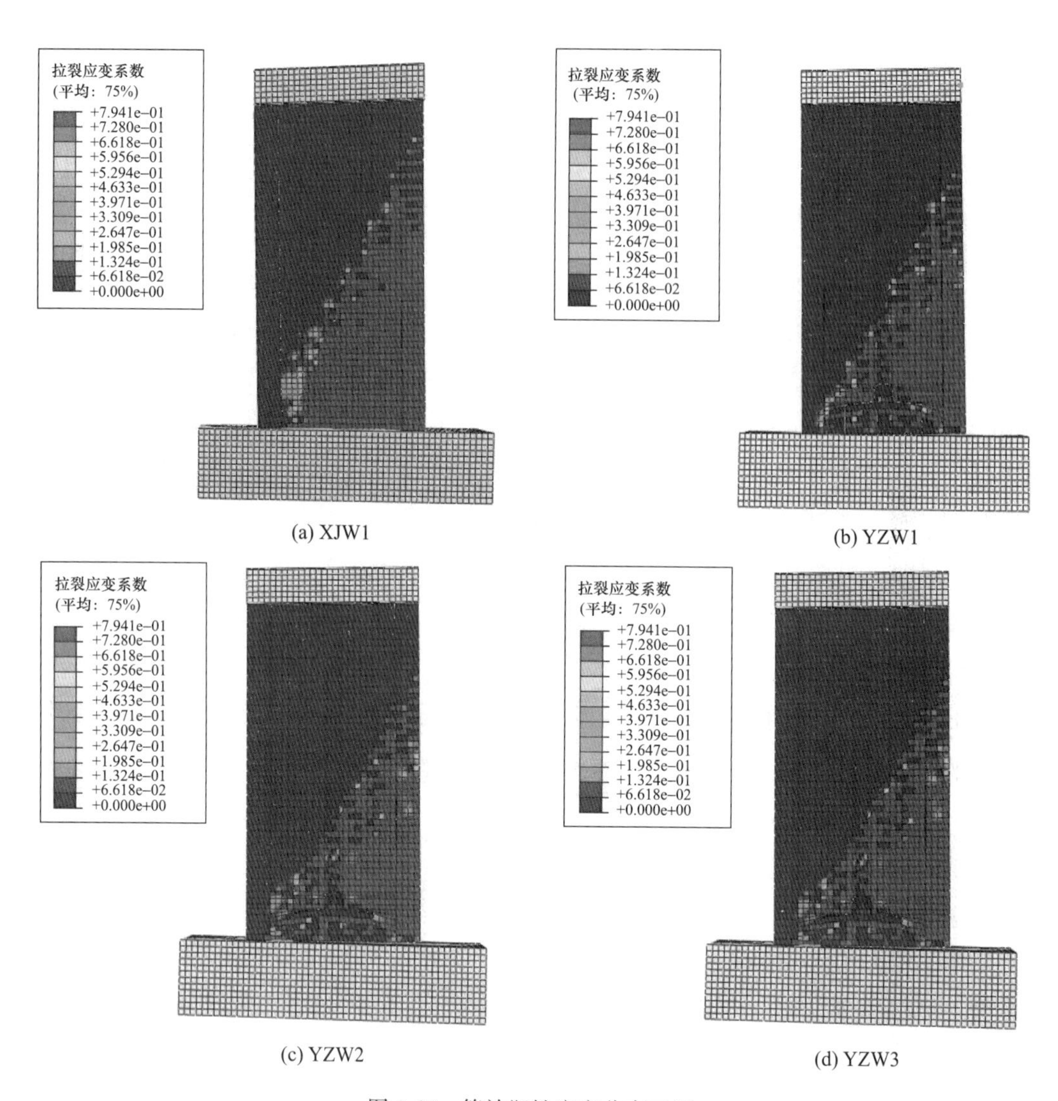

(a) XJW1　　(b) YZW1

(c) YZW2　　(d) YZW3

图 3-60　等效塑性应变分布云图

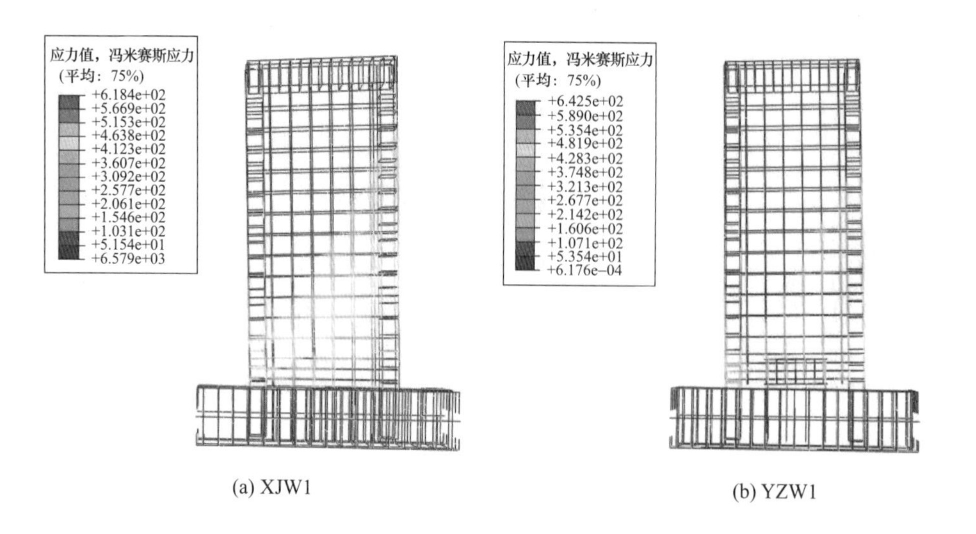

(a) XJW1　　(b) YZW1

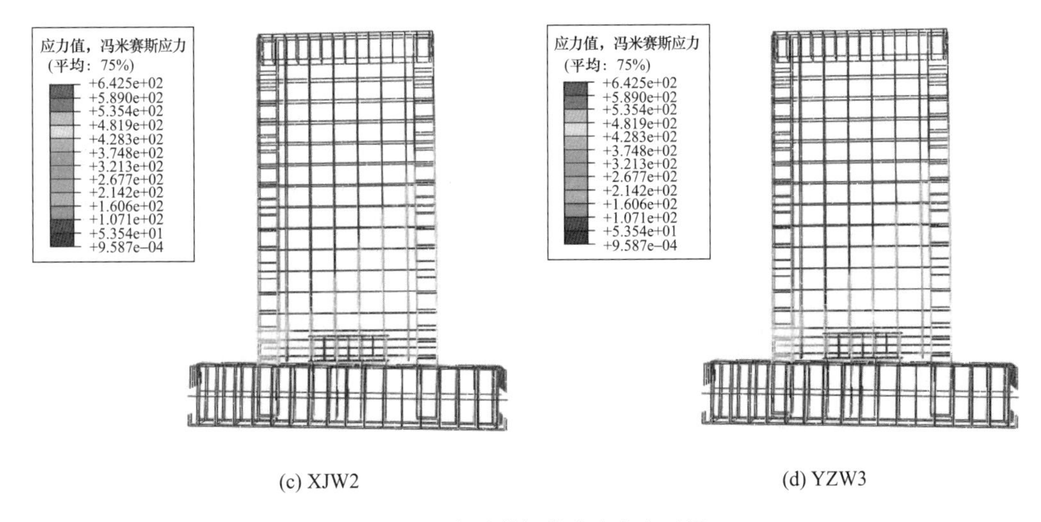

(c) XJW2　　(d) YZW3

图 3-61　各试件钢筋应力分布云图

五、参数分析

（1）型钢抗剪键

在复合齿槽连接装配式剪力墙抗震性能试验中，底部新旧混凝土结合性能对试件受力性能影响较大，考虑在水平施工缝处增加抗剪措施以减小施工缝开裂程度，故在试件YZW2的基础上设计了一片剪力墙模型YZW4。YZW4采用与试验试件YZW2完全相同的尺寸和配筋。有限元模型中的材料本构模型和参数设置也与试件YZW2相同。YZW4在地梁中部预埋Q345H型钢，型钢尺寸为180mm×100mm。H型钢深入地梁250mm，露出地梁表面高度150mm，表面通过喷砂或打磨增加粗糙度，以增强钢板和混凝土的连接性能，减少钢板和混凝土的相对滑移。有限元模拟过程中H型钢表面与混凝土绑定连接，其他约束类型同YZW2。

文献［71］给出了水平缝受剪承载力计算公式：

$$V_{uE}=0.6f_yA_{sd}+f_vA_{ss}+\delta N \tag{3-7}$$

式中，f_v为型钢或钢板连接件的钢材抗剪强度设计值；A_{ss}为型钢或钢板连接件的钢材抗剪净截面面积。

根据式（3-7）可知，增设上述H型钢抗剪键，底部水平缝受剪承载力提高189kN。

图3-62为试件YZW2与试件YZW4有限元模型骨架曲线对比图。从图中可以看出增加型钢抗剪键的剪力墙模型峰值荷载对应的位移明显大于不设抗剪键的YZW2，主要是由于型钢抗剪键承受了一部分剪力，钢板和混凝土的连接延缓了墙体和地梁施工缝的开裂，边缘构件纵筋更晚达到极限应力和被拉断，从YZW2和YZW4混凝土受拉损伤对比图（图3-63）可以看出，YZW4的墙体裂缝发展更为充分。YZW2有限元模型承载力为505kN，YZW4承载力为553kN，比YZW2提高了9.5%，可以看出，增加型钢抗剪键可以在一定程度上提高试件受弯承载力。

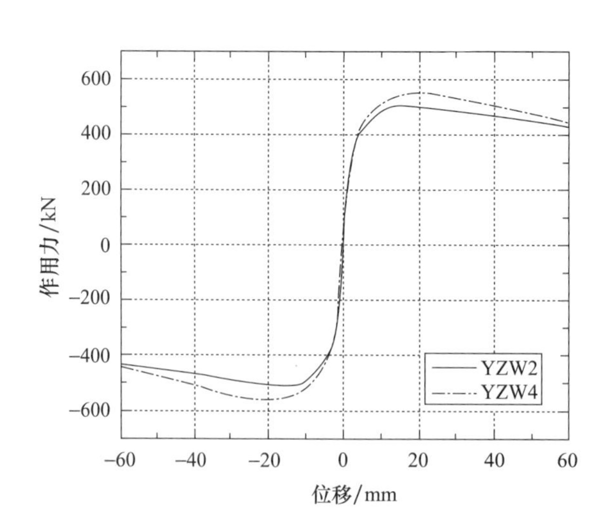

图 3-62　试件 YZW2、YZW4 骨架曲线对比

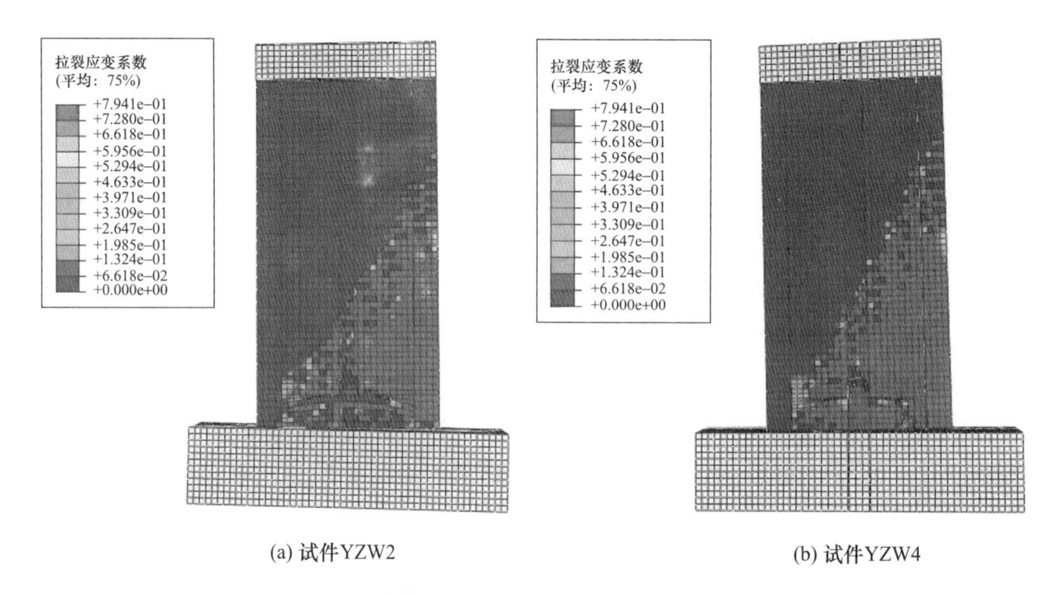

(a) 试件YZW2　　(b) 试件YZW4

图 3-63　试件 YZW2、YZW4 混凝土受拉损伤对比

图 3-64 为试件 YZW4 地梁预埋的 H 型钢应力云图。从图中可以看出钢板尚未屈服，应力主要集中于水平缝界面上方受压侧翼缘和腹板中部。

（2）剪跨比

为研究剪跨比对复合齿槽连接装配式剪力墙抗震性能的影响，在试验试件 YZW2 的基础上，设计两片剪力墙计算模型 YZW5 和 YZW6，YZW5、YZW6 采用与试验试件 YZW2 完全相同的尺寸和配筋。有限元建模中的材料本构模型和参数设置也与试件 YZW2 相同。试件 YZW5、YZW2、YZW6 的高度分别为 2.5m、2.8m、3.1m，对应剪跨比分别为 1.77、1.97、2.17。不同剪跨比的模型在各主要阶段的荷载及位移特征值见表 3-19。

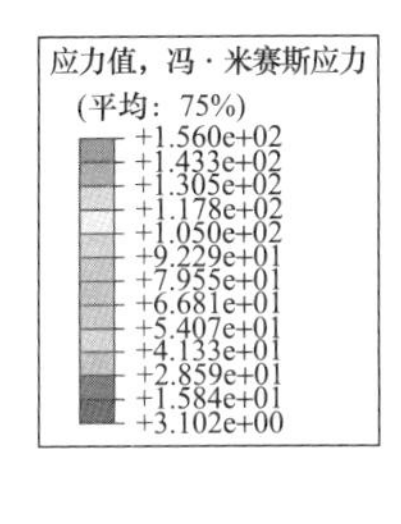

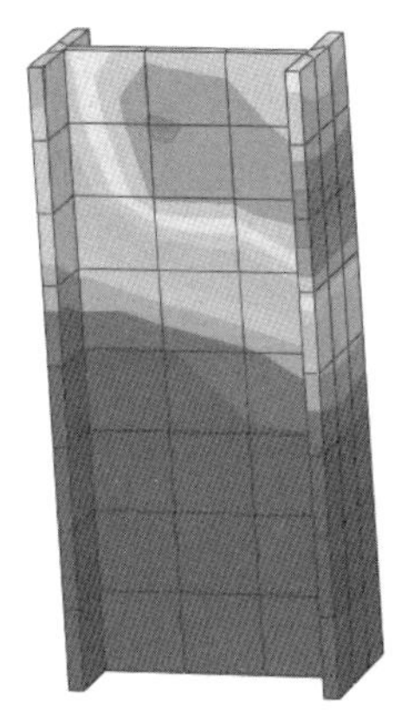

图 3-64　H 型钢冯 · 米赛斯应力云图

表 3-19　不同剪跨比模型各主要阶段荷载及位移

试件编号	屈服荷载 F_y/kN	屈服位移 Δ_y/mm	峰值荷载 F_p/kN	峰值位移 Δ_p/mm	极限荷载 F_u/kN	极限位移 Δ_u/mm
YZW5（λ=1.77）	479.44	4.70	563.5	14.93	480.8	54.47
YZW2（λ=1.97）	411.1	4.70	505.1	17.41	430.3	65.67
YZW6（λ=2.17）	372.9	5.63	458.8	20.92	390.5	71.44

图 3-65 给出了不同剪跨比的模型水平荷载-位移曲线有限元分析结果。由图和表可知，各剪力墙模型的初始刚度均较大，剪跨比较小的模型具有相对更大的初始刚度，试件屈服之后，刚度退化加快；随着剪跨比的增大，试件的屈服位移、峰值位移和极限位移均逐渐增大。达到峰值荷载时，YZW5 的承载力比 YZW2 提高了 11.6%，YZW6 的承载力比 YZW2 降低了 9.2%。可以看出，剪跨比对试件的承载力影响较大，按规范相关公式计算可知剪跨比为 1.7 时，剪力墙正截面承载力小于斜截面受剪承载力，试件以弯剪破坏为主，因此本节选取的模型均表现为弯剪破坏，可以得出对于弯剪破坏试件，随着剪跨比的增大，试件的承载力减小。由于有限元计算中采用的是单向位移加载方式，且不能精确地模拟钢筋拉断及混凝土压溃的实际情况，计算终止的原因是迭代计算不收敛而非构件达到极限位移，因此不能对构件的延性进行直观的比较。

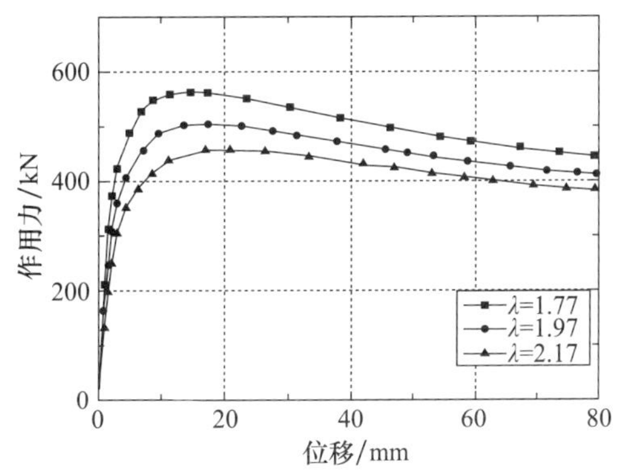

图 3-65　不同剪跨比模型骨架曲线对比

图 3-66 和图 3-67 分别为 YZW5、YZW2、YZW6 的剪力墙混凝土受拉损伤和受压损伤。从图中可知，不同剪跨比的试件破坏形态基本一致，均表现为倒三角形的受拉损伤区域，提高剪跨比，混凝土受拉损伤范围扩大，试件混凝土受压损伤范围缩小，且主要分布在受压侧 25mm 高度范围内。

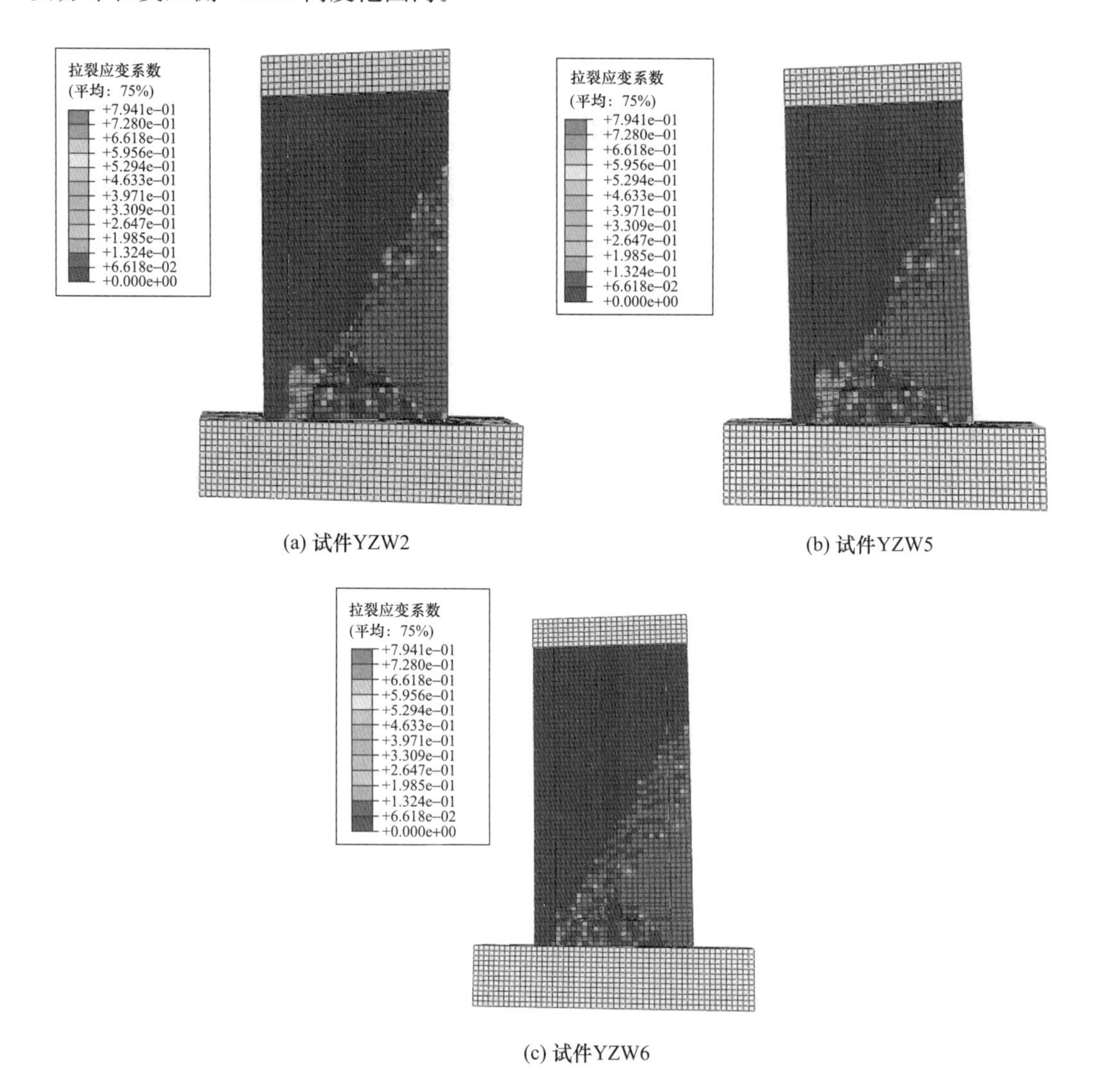

(a) 试件YZW2

(b) 试件YZW5

(c) 试件YZW6

图 3-66　试件 YZW2、YZW5、YZW6 混凝土受拉损伤对比

（3）轴压比

轴压比对剪力墙在低周往复荷载作用下的承载力、刚度和延性等力学性能有重要影响。以试件 YZW2 的尺寸和配筋为基准，研究轴压比对复合齿槽 U 形筋连接装配式剪力墙的影响。试验轴压比分别取 0.08、0.12、0.16 和 0.24，计算得到的水平力-位移曲线如图 3-68 所示。

由图可知，荷载低于 200kN 时，不同轴压比的模型初始刚度相差不大；随着位移的增加，轴压比增大，试件的承载力和刚度均有所提高。达到峰值荷载后，轴压比较高的模型承载力下降明显，轴压比较低的模型承载力下降缓慢，试件延性随着轴压比的增大而降低。有限元计算结果的规律与试验结果的规律基本一致，进一步证明了有限元模型的合理性。

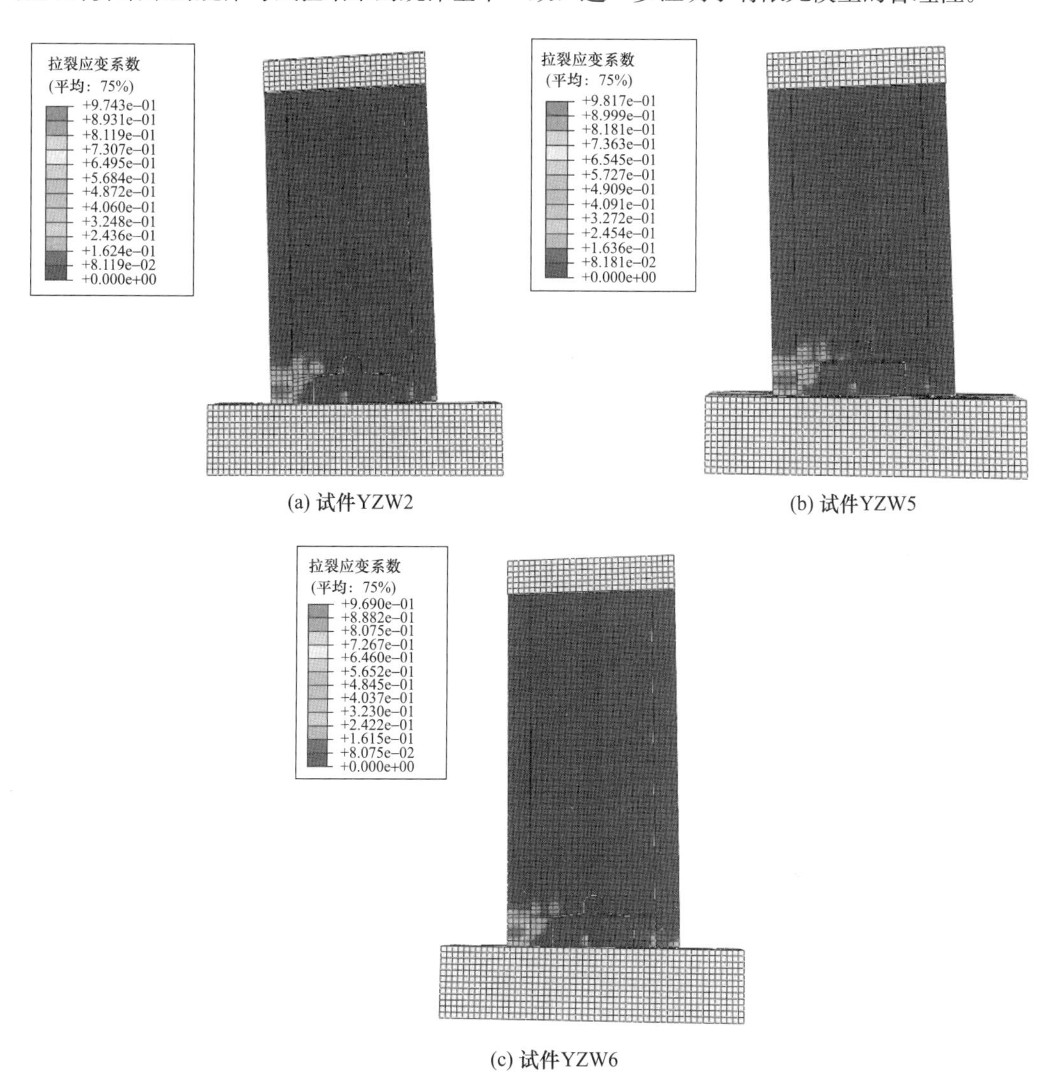

(a) 试件YZW2　　(b) 试件YZW5

(c) 试件YZW6

图 3-67　试件 YZW2、YZW5、YZW6 混凝土受压损伤对比

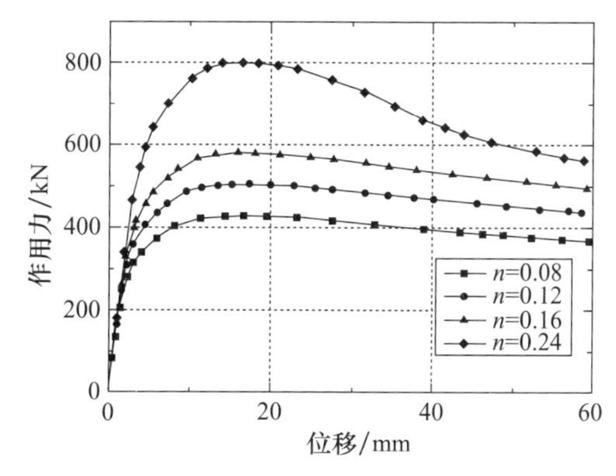

图 3-68　不同轴压比下骨架曲线对比

六、压弯承载力计算

试验结果表明，所有试件均发生暗柱纵筋压屈，墙体两侧角部混凝土压碎剥落的压弯破坏，剪力墙竖向分布钢筋采用U形筋在复合齿槽区搭接连接能够有效传递钢筋应力，故考虑竖向分布钢筋作用，采用文献［51］中偏心受压构件正截面承载力计算公式计算复合齿槽U形筋搭接连接装配式剪力墙的压弯承载力，计算简图如图3-69所示，计算式为

$$F_c = M/H \tag{3-8}$$

其中

$$M = A'_s f'_y (h_0 - a'_s) + \alpha_1 f_c bx(h_0 - x/2) - 0.5(h_0 - 1.5x)^2 b f_{yw} \rho_w - [\alpha_1 f_c bx - (h_0 - 1.5x) f_{yw} b \rho_w](h_0 - x/2) \tag{3-9}$$

$$x = \frac{N + f_{yw} \rho_w b h_0}{\alpha_1 f_c b + 1.5 f_{yw} b \rho_w} \tag{3-10}$$

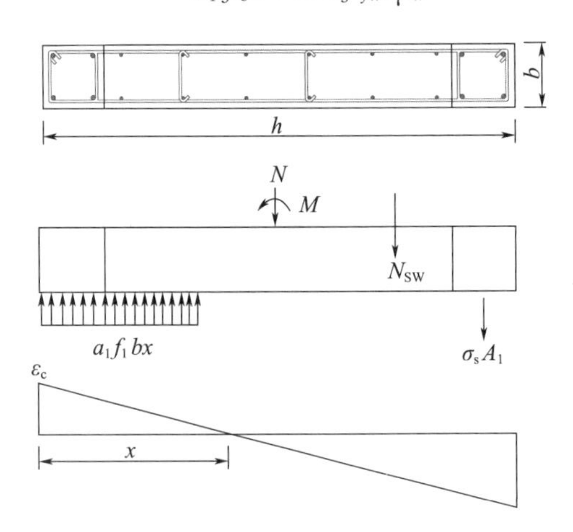

图3-69　压弯承载力计算简图

式中，N 为轴向压力；N_{sw} 为墙体腹部均匀配置竖向分布钢筋承担的轴向压力；H 为加载点至墙底的距离。

计算时钢筋取实测屈服强度，混凝土轴心抗压强度取 $0.76f_{cu}$，得到各试件压弯承载力计算值 F_c，见表3-17。由表可知，预制试件压弯承载力试验值与计算值之比 F_m/F_c 的平均值为1.18，变异系数为0.04，说明可采用现行规范《混凝土结构设计规范》（GB 50010）计算复合齿槽U形筋搭接连接装配式剪力墙的压弯承载力，计算结果偏于安全。

七、小结

（1）所有试件破坏形态均为暗柱纵筋压屈、墙体两侧角部混凝土压碎剥落的压弯破坏；墙体上部以弯剪斜裂缝为主，下部以水平裂缝为主；现浇试件裂缝发展较充分，预

制试件裂缝集中于复合齿槽区新旧混凝土结合面；由于地梁未进行凿毛处理，试验过程中墙体与地梁结合面发生了一定的剪切滑移。

（2）复合齿槽区形成暗梁对墙体底部具有强化作用；采用双填料口能够保证复合齿槽后浇区混凝土的密实度，其抗震性能与复合齿槽区采用单填料口后浇自密实混凝土相当。

（3）剪力墙竖向分布钢筋采用U形筋在复合齿槽区搭接连接锚固可靠，能够有效传递钢筋应力。

（4）相同轴压比条件下，预制试件的承载力约为现浇试件的90%，耗能能力略低于现浇试件，刚度退化速率略大于现浇试件；轴压比对试件的抗震性能影响较大；预制试件位移延性系数的平均值比现浇试件高12%，延性系数均大于5，极限位移角为1/72～1/51，满足规范要求。

（5）预制试件压弯承载力试验值与按现行《混凝土结构设计规范》（GB 50010）相关公式计算值之比的平均值为1.18，变异系数为0.04，考虑竖向分布钢筋作用的计算结果与试验结果吻合较好且偏于安全，可采用现行规范计算复合齿槽U形筋搭接连接装配式剪力墙的压弯承载力。

第四章　齿槽区域U形筋锚固连接受拉承载性能研究

第一节　概　述

齿槽连接装配式剪力墙的齿槽连接区域为关键节点，齿槽内竖向钢筋连接的原理是利用受力钢筋端部U形钢筋相互扣合和水平连接钢筋形成的暗梁共同作用以传递钢筋应力，齿槽区域U形筋锚固连接受拉承载性能对齿槽连接装配式剪力墙的受力性能影响较大。本章对齿槽区域U形筋锚固连接受拉承载性能开展试验研究，研究上下预制墙体U形筋锚固连接时上下钢筋传力性能及影响因素，揭示其锚固传力机理，提出受拉承载力计算公式，以期为工程应用提供试验和理论依据。

第二节　试验概况

一、试件设计及制作

试验设计了三组共16个试件，为避免数据离散化，其中每两个试件参数相同。试件主要变化参数为U形筋直径、搭接长度、插筋直径、U形筋位置，具体见表4-1。试件均由上、下加载段和试验段组成（图4-1），其中第一组和第二组上、下加载段相同，均为高500mm、厚200mm、长1600mm；第三组上、下加载段为高800mm、厚200mm、长1600mm。三组试件试验段尺寸均为高750mm、厚200mm、长800mm，试件几何尺寸如图4-1所示。

表4-1　试件基本参数

试件分组	试件编号	U形筋直径/mm	搭接长度/mm	U形筋位置	水平插筋
第一组	D10h12LS10-X	10	120	紧邻（J）	4Φ10
	D10h12FS10-X	10	120	间接（F）	4Φ10
第二组	D12h12LS8-X	12	120	紧邻（J）	4Φ8
	D12h12LS12-X	12	120	紧邻（J）	4Φ12
	D12h18LS8-X	12	180	紧邻（J）	4Φ8
	D12h18LS12-X	12	180	紧邻（J）	4Φ12
第三组	D20h12LS10-X	20	120	紧邻（J）	4Φ10
	D20h18LS10-X	20	180	紧邻（J）	4Φ10

注：试件编号中，D表示U形分布筋直径，h表示U形筋重叠长度，J、F表示位置关系紧邻和间接，S表示插筋，X表示同规格试件序号，取值为1和2。

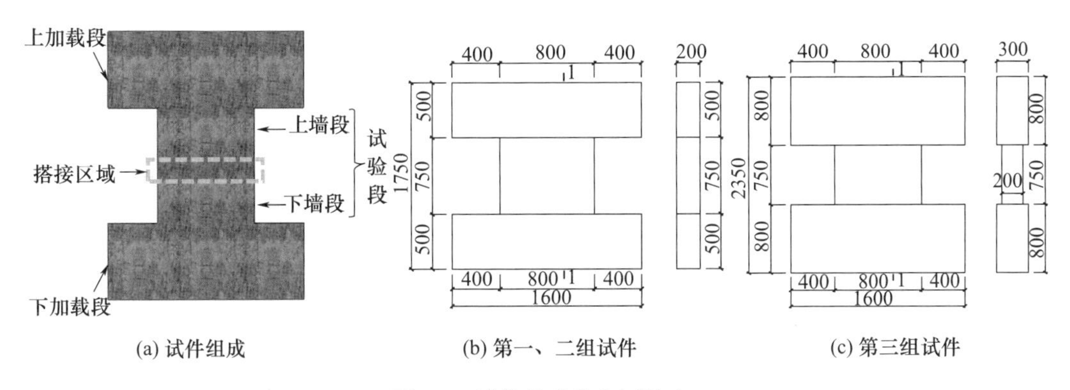

(a) 试件组成　(b) 第一、二组试件　(c) 第三组试件

图 4-1　试件组成及几何尺寸

所有试件混凝土强度等级均为 C30，试验段 U 形筋采用直径 10mm、12mm、20mm 的 HRB400 级钢筋，分布筋为 HPB300 级钢筋；上、下加载段所有钢筋等级均为 HRB400 级。墙体配筋关于搭接区域对称，故只示意搭接区域、上墙段和上加载段的配筋，如图 4-2 所示。钢筋材料性能试验结果见表 4-2。

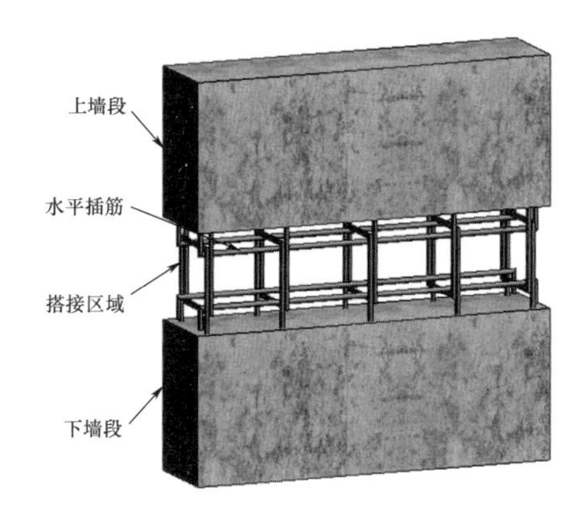

(a) 钢筋搭接示意图

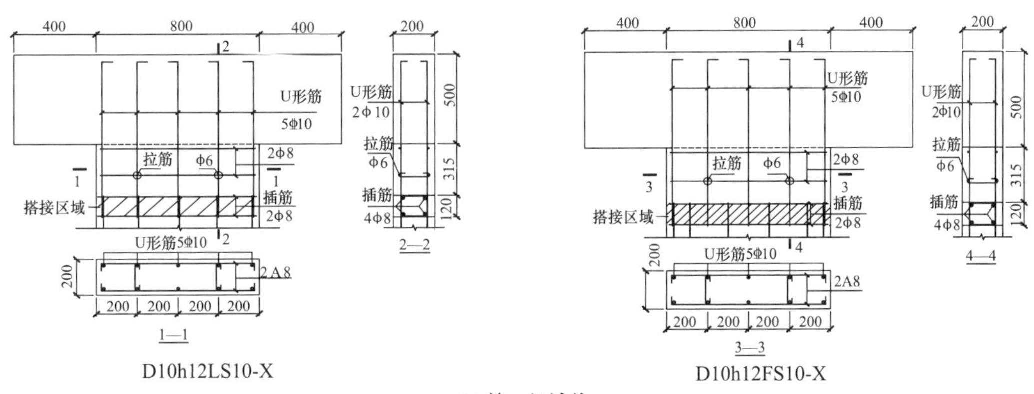

(b) 第一组试件

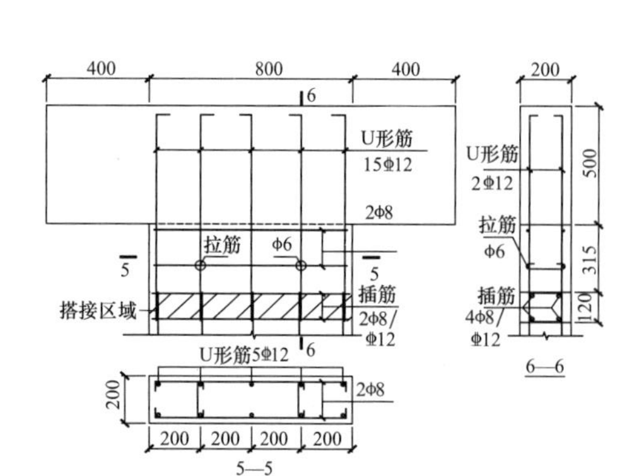

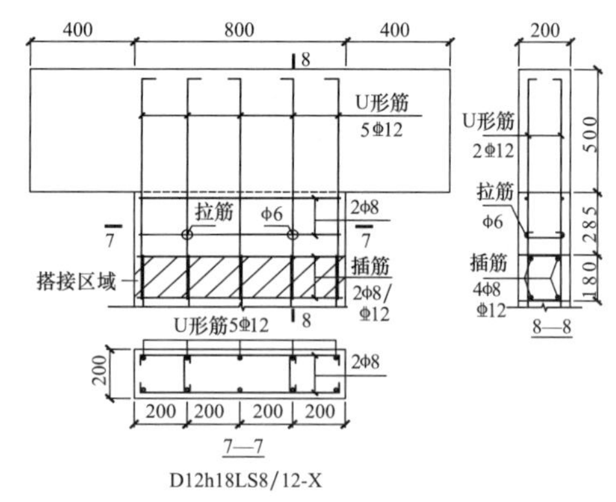

(c) 第二组试件

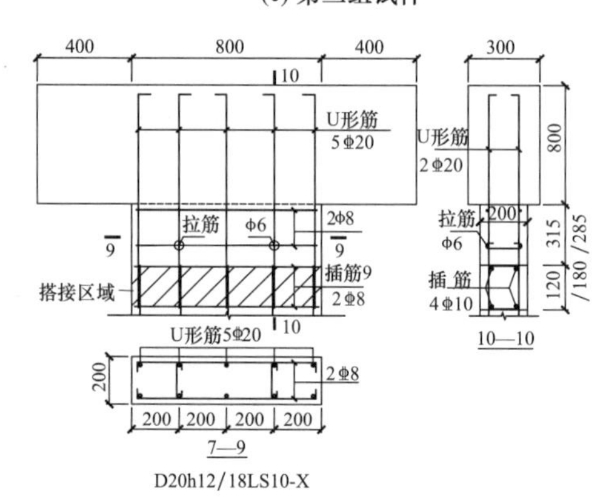

(d) 第三组试件

图 4-2　试件配筋

表 4-2　钢材材料性能

直径/mm	屈服强度/MPa	抗拉强度/MPa
8	365	542
10	489	700
12	437	582
20	428	625

试验中混凝土为同批浇筑，试件和立方体试块在同样条件下养护 28d 后，测得混凝土标准立方体试块的抗压强度平均值为 31.2MPa。

二、加载方案及量测布置

试件采用平躺式加载，为减少试件与地面摩擦，在试件底部设置滑动支座，在试件两侧分别布置 100t 千斤顶，采用分流阀保证同步加载，加载装置如图 4-3 所示。

加载采用荷载-位移混合控制，峰值荷载之前，按荷载控制加载。在试件开裂之前，每级加载取开裂荷载理论计算值的 20%；开裂荷载到峰值荷载之间，每级加载取峰值荷载设计值的 10%；峰值荷载后，采用位移控制加载，每级加载位移取 5mm。当承载力降至峰值荷载的85%或试件破坏导致试验无法继续，停止加载。

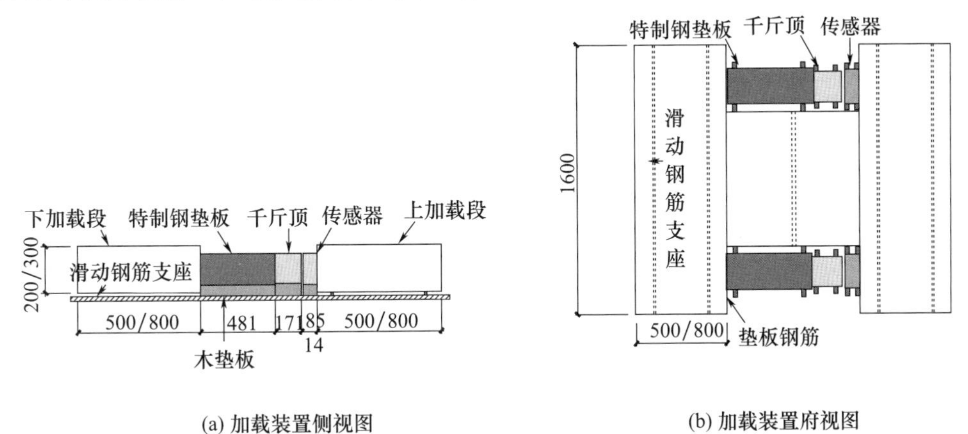

(a) 加载装置侧视图　　(b) 加载装置府视图

图 4-3　加载装置

各试件位移计布置相同（图4-4），共四个位移计。设置位移计D1～D4测量试件在总荷载P作用下的位移。在搭接区域的钢筋上布置电阻应变片，以测量钢筋的应变，应变测点布置如图4-5所示。

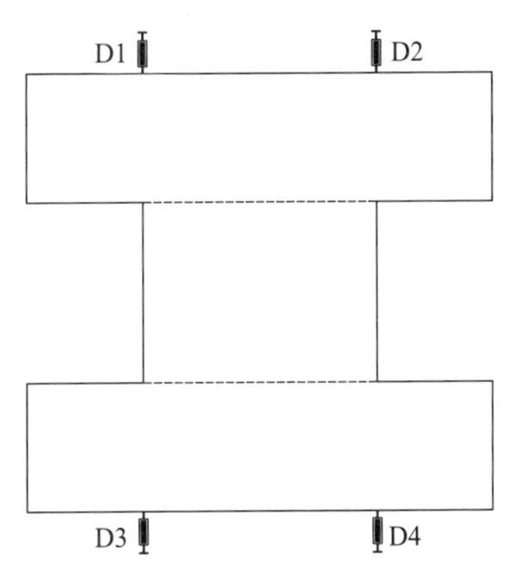

图 4-4　位移计布置

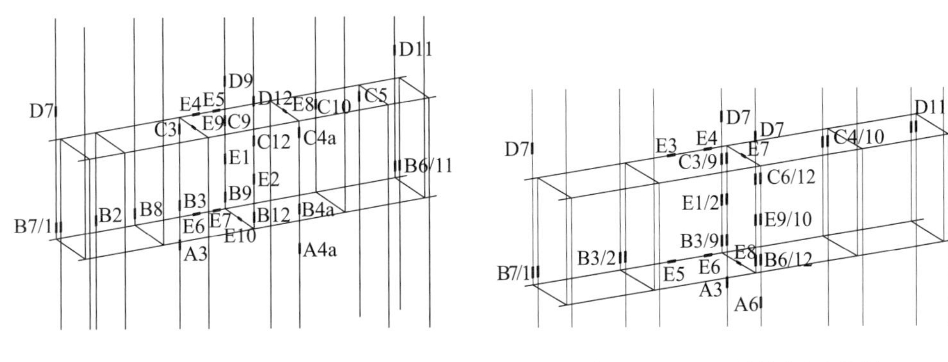

(a) D10h12FS10-X应变片布置图　　(b) 除D10h12FS10-X的试件应变片图

图 4-5　试件应变片布置

第三节　试验结果与分析

一、试验现象

（一）第一组试件

试件 D10h12LS10-1 在加载至 216kN 时，试验段墙体上侧角部出现斜裂缝，试件开裂。加载至 316kN 时，试件荷载-位移曲线出现明显拐点，判断试件屈服。当加载至 385kN 时，试件达到峰值荷载，继续加载出现 U 形筋被拉断，荷载迅速降至峰值荷载的 85％以下，搭接区域混凝土未出现被剪坏现象，试验结束，最终破坏形态和裂缝分布如图 4-6（a）所示。试件 D10h12LS10-2 的破坏过程及形态几乎和试件 D10h12LS10-1 一样，在此不做赘述。试件 D10h12FS10-1 在加载至 288kN 时，U 形筋搭接区域出现左右贯通的极细斜裂缝；当加载至 389kN 时，荷载-位移曲线出现明显拐点，试件屈服。继续加载至峰值荷载 413kN 时，试件形成了两条主裂缝，最大裂缝宽度达到了 9mm。之后，U 形筋被拉断，试件承载力下降到峰值荷载的 85％，搭接区域混凝土保持较好，加载结束。最终破坏形态和裂缝分布如图 4-6（b）所示。

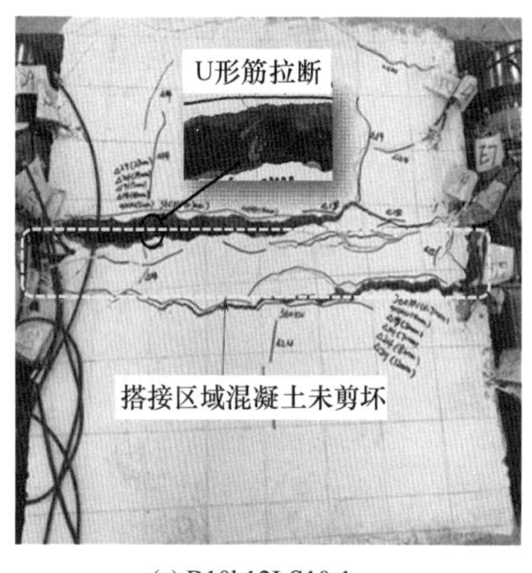

(a) D10h12LS10-1

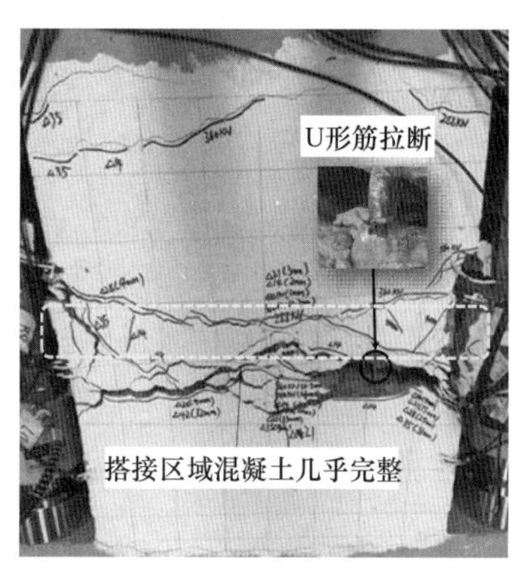

(b) D10h12FS10-1

图 4-6　第一组试件的破坏形态和裂缝分布

（二）第二组试件

试件 D12h12LS8-1 加载至 286kN 时，在墙体上部分出现左右贯通斜裂缝，加载至 408kN 时，试件达到最大承载力；继续加载，主裂缝宽度增加和左侧混凝土被拉坏，承载力降至峰值荷载的 85％以下，搭接区域混凝土已经剪坏。继续加载到位移 42mm 时，插筋被拉断，搭接区域混凝土被剪坏，停止加载。最终破坏形态及裂缝分布如图 4-7（a）所示。试件 D12h12LS12-1 加载至 216kN 时，试件开裂。加载至 432kN 时，试件了达到峰值荷载，最大裂缝宽度达到了 40mm；继续加载 51.9mm 时，U 形筋被拉断，试件承载力骤降至峰值荷载的 85％以下，判断试件破坏，停止加载，但搭接区域混凝土几乎保持较好。最终破坏形态和裂缝分布如图 4-7（b）所示。

试件 D12h18LS8-1 加载至 216kN 时，试验段墙体底部出现水平裂缝，试件开裂。加载至 360kN 时，裂缝基本布满；继续加载至 469kN 时，试件达到峰值荷载。之后改由位移控制加载，裂缝开始竖向发展，加载至 56mm 时，水平插筋被剪断，搭接区域混凝土被剪坏，承载力降至峰值荷载的 85%以下，停止加载。最终破坏形态和裂缝分布如图 4-7（c）所示。试件 D12h18LS8-2 破坏形态和峰值荷载几乎和试件 D12h18LS8-1 一样，但在加载至 24mm 时，出现插筋被拉断，试件承载力下降到峰值荷载的 85%以下。

试件 D12h18LS12-1 在加载至 216kN 时，开始在墙体试验段出现裂缝；随着荷载的增加，在 U 形筋搭接上下处，出现两条主要的水平裂缝。加载至 476kN 时，试件承载力达到峰值荷载；之后，裂缝宽度不断增加，承载力开始下降，当试件承载力降至峰值荷载的 85%以下时，停止加载，搭接区域混凝土接近完整。最终破坏形态和裂缝分布如图 4-7（d）所示。

(a) D12h12LS8-1

(b) D12h12LS12-1

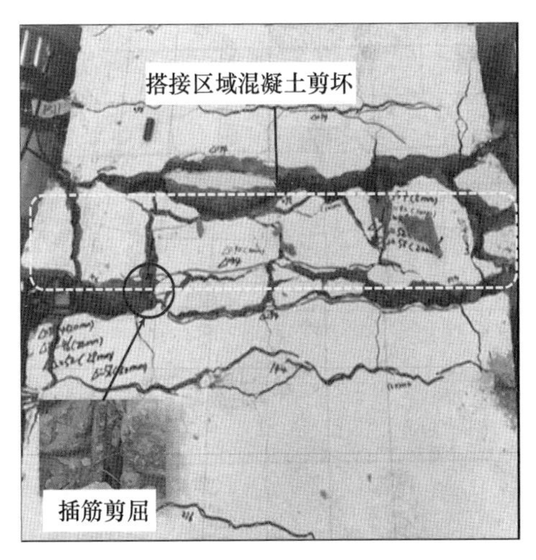

(c) D12h18LS8-1

(d) D12h18LS12-1

图 4-7　第二组试件的破坏形态和裂缝分布

（三）第三组试件

试件 D20h12LS10-1 在加载至 360kN 时，试验段墙体上下段部分出现水平贯通裂缝，试件开裂。加载至 410kN 时，沿着水平插筋位置出现贯通裂缝；继续加载至 733kN 时，试件达到峰值荷载，此时裂缝最大宽度达到了 9mm。当加载至 14mm 时，搭接区域混凝土被剪坏，试件承载力降至峰值荷载的 85％以下，继续加载至 49mm 时，水平插筋被剪屈，停止加载。最终破坏形态和裂缝分布如图 4-8（a）所示。

试件 D20h18LS10-1 加载至 510kN 时，U 形筋搭接区域上部出现水平裂缝；加载至 660kN 时，试验段墙体几乎布满。加载至 841kN 时，试件达到峰值荷载；之后，继续加载至 8mm，试件承载力降至峰值荷载的 85％以下；加载至 49mm 时，试件承载力基本不变，裂缝宽度不断增加，停止加载。最终破坏形态和裂缝分布如图 4-8（b）所示。试件 D20h18LS10-2 加载至 306kN 时，试件开裂，低于 D20h18LS10-1 的开裂荷载，其余破坏形态几乎一致。

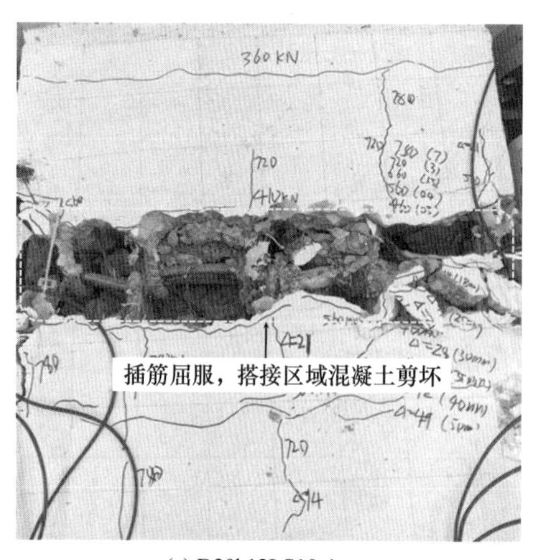

(a) D20h12LS10-1

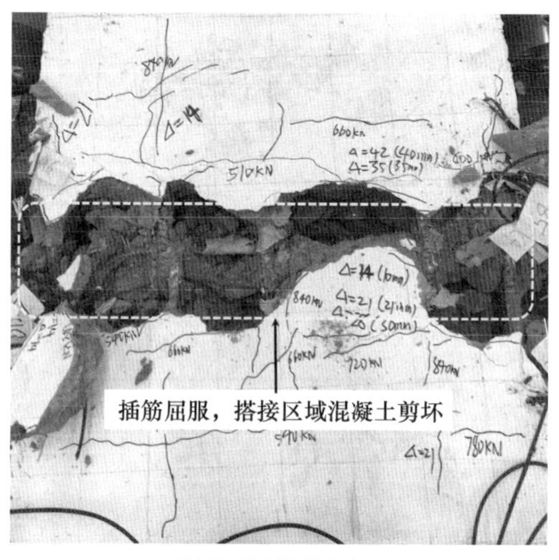

(b) D20h18LS10-1

图 4-8 第三组试件的破坏形态和裂缝分布

二、破坏特征

试件最终破坏形态有两种（表 4-3），第一种为 U 形筋搭接长度足够，U 形筋被拉断或插筋剪屈，搭接区域混凝土未被剪坏；第二种为 U 形筋搭接长度不足，试件搭接区混凝土被剪坏或水平插筋被剪断、剪屈。第二组试件当插筋直径为 8mm 时，试件破坏形式为第二种；控制其他参数不变，当插筋直径提高为 12mm 时，试件破坏形式为第一种，说明插筋能够提高试件的承载力。

表 4-3　试件破坏形式

破坏形式	第一组	第二组	第三组
搭接不足	—	D12h12LS8-1/2 D12h18LS8-1/2	D20h12LS10-1/2 D20h18LS10-1/2
搭接足够	D10h12LS10-1/2 D10h12FS10-1/2	D12h12LS12-1/2 D12h18LS12-1/2	—

三、荷载及位移

试件的荷载-位移曲线如图 4-9 所示，试件的各特征点处的荷载、位移见表 4-4。

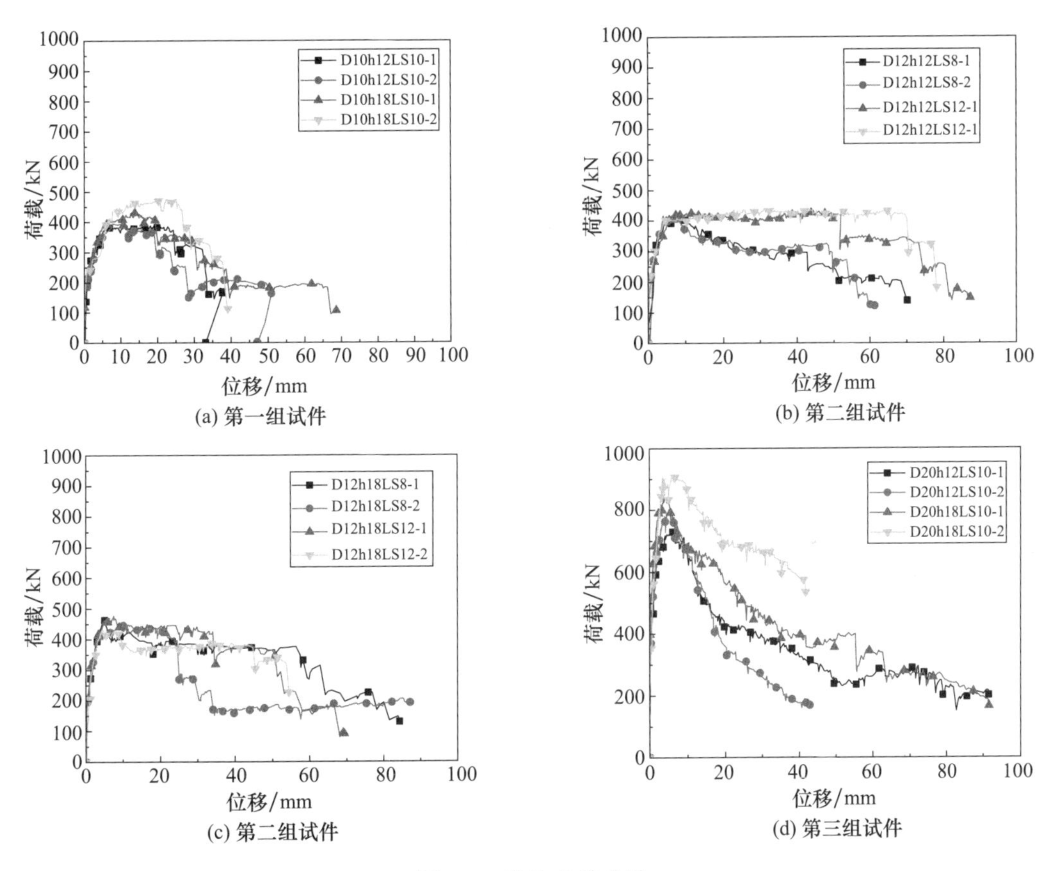

(a) 第一组试件　(b) 第二组试件　(c) 第二组试件　(d) 第三组试件

图 4-9　荷载-位移曲线

表 4-4　各试件主要阶段承载力

试件分组	试件编号	P_{cr}/kN	Δ_{cr}/mm	P_{max}/kN	Δ_{m}/mm	P_{u}/kN	Δ_{u}/mm
第一组	D10h12LS10-1	216	0.98	387.89	18.16	291.1	24.80
	D10h12LS10-2	288	2.10	394.24	7.85	243.77	24.20
	D10h12FS10-1	288	2.03	431.62	14.56	332.91	20.09
	D10h12FS10-2	272	2.25	475.34	22.77	376.39	27.16

续表

试件分组	试件编号	P_{cr}/kN	Δ_{cr}/mm	P_{max}/kN	Δ_m/mm	P_u/kN	Δ_u/mm
第二组	D12h12LS8-1	108	1.49	408.62	7.31	347.16	16.84
	D12h12LS8-2	223	0.80	420.24	7.20	349.07	11.4
	D12h12LS12-1	216	1.24	432.1	44.4	306.79	51.55
	D12h12LS12-2	288	1.65	439.64	31.00	297.21	70.48
	D12h18LS8-1	216	0.56	469.47	4.99	395.68	14.44
	D12h18LS8-2	288	1.63	452.46	10.4	383.7	24.07
	D12h18LS12-1	216	0.55	476.42	7.50	326.92	34.55
	D12h18LS12-2	144	0.83	431.62	4.38	314.34	45.34
第三组	D20h12LS10-1	360	0.29	733.98	6.3	604.6	11.26
	D20h12LS10-2	339	0.21	801.9	5.16	678.03	8.82
	D20h18LS10-1	510	0.39	841.67	4.00	702.47	8.19
	D20h18LS10-2	306	0.19	915.94	6.10	759.03	15.61

注：P_{cr}、P_{max}、、P_u分别表示试件的开裂荷载、峰值荷载、极限荷载；Δ_{cr}、Δ_m、Δ_u分别表示与荷载对应的开裂位移、峰值位移、极限位移。

经分析可获得以下结论：

(1) 试件在开裂后进入非弹性阶段，由于裂缝开展不同，导致两侧刚度有差异，两侧位移出现偏差，荷载-位移曲线出现波浪形。

(2) 第一组采用间隔搭接的试件 D10h12FS10-X 的平均峰值荷载为 450kN，大于采用紧邻搭接试件 D10h12LS10-X 的平均峰值荷载 390kN，分析原因，为实现 U 形筋间隔搭接，在试件配筋设计时间隔搭接试件比紧邻搭接试件的下墙段多一根 U 形筋，使下部墙段钢筋应力相对较低，开裂相对较缓，减小两侧刚度差异，两侧加载相对均匀，由此可提升整体受拉承载力。

(3) 对于搭接区域外的钢筋被拉断，认为搭接长度足够，此时荷载达到峰值后，有明显的屈服平台；当搭接区域混凝土被剪坏或水平插筋被剪断，则认为搭接长度不足，此种情况荷载达到峰值后会迅速下降。

(4) 对于同一参数的两个试件，由于制作和施工偏差，在各特征点的荷载值出现偏差。但相同参数的两个试件的峰值荷载相对误差绝对值 1.81%～10.21%，整体在可接受范围内。

四、钢筋应变分析

综上所述，U 形筋搭接破坏形式有：①钢筋长度足够，U 形筋被拉断；②搭接长度不足，搭接区域混凝土被剪坏、插筋被拉屈或剪断。对两种破坏形式各取两个试件，对 U 形筋、插筋应变进行分析，应变曲线如图 4-10、图 4-11 所示。其中水平插筋测的是轴向应变。经分析，可获得以下结论：

(1) 搭接长度足够时，水平插筋应变较小，并随着 U 形筋直径的增大而增大；同时 U 形筋由于搭接长度足够，U 形筋与混凝土的黏结力较大，U 形筋应变增长较慢。

（2）搭接长度不足时，水平插筋应变较大，并参与到受力传递速度较快，U 形筋应变也会迅速增大。

（3）搭接长度足够的 U 形筋应变增长速度低于搭接长度不足的试件，因为搭接长度足够时，U 形筋直线段与混凝土的黏结力较大。

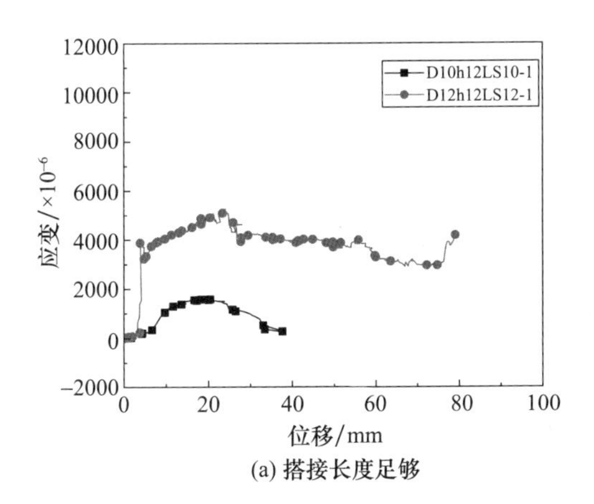

(a) 搭接长度足够

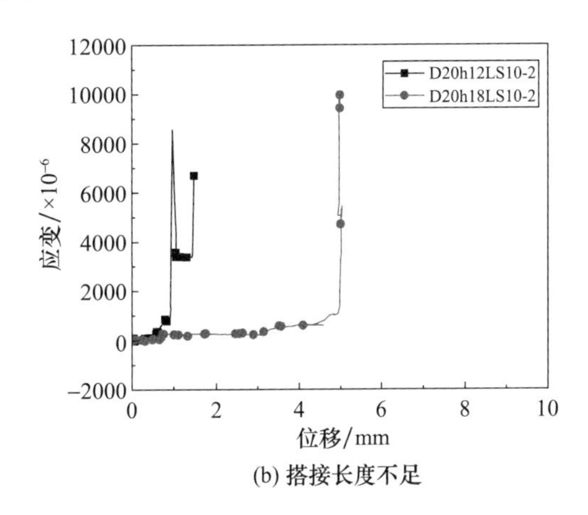

(b) 搭接长度不足

图 4-10 水平插筋 E5 测点位移-应变曲线

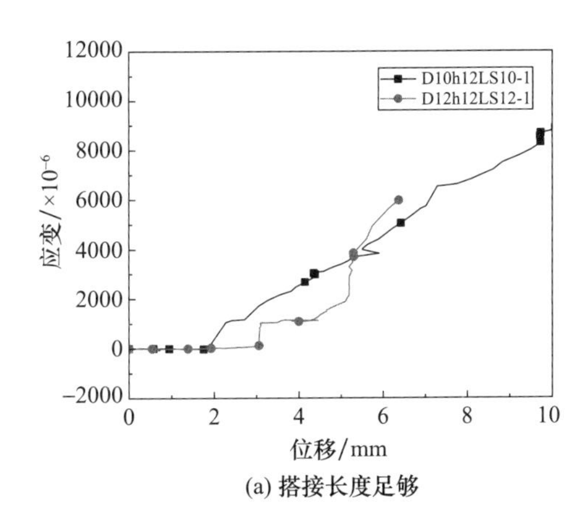

(a) 搭接长度足够

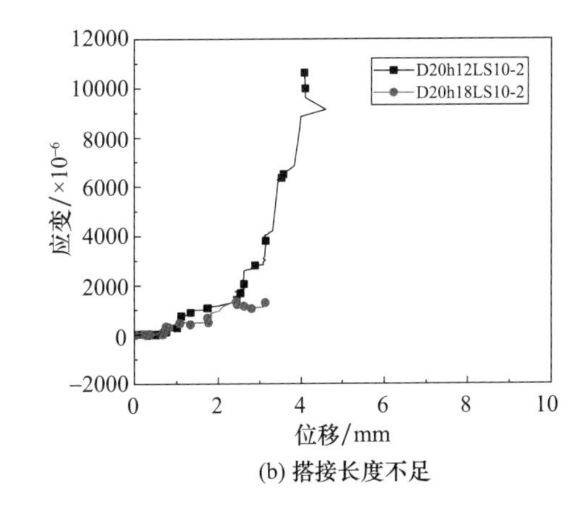

(b) 搭接长度不足

图 4-11 U 形筋 E7 测点位移-应变曲线

第四节 受拉承载力计算式

一、基本假定

普通钢筋搭接连接是通过锚固到混凝土一定长度，通过水泥胶体对钢筋的黏结力、钢筋周围混凝土的摩擦力，以及钢筋之间的机械咬合力来传递荷载。

对于 U 形筋搭接连接，钢筋的锚固长度明显低于现有规范[51]要求。在荷载较小时，可以依靠U形筋竖直段与混凝土的黏结作用传力；当荷载大于U形筋竖直段与混凝土的黏结力时，依靠搭接区域形成的芯梁的抗剪作用传递荷载。所以，对于U形筋最终的传力机理上、下U形筋通过中间形成的芯梁传递荷载，芯梁主要起抗剪作用。

根据试验破坏现象和U形筋搭接传力机理，采用的基本假定如下：

（1）拉力由搭接区域混凝土的抗剪和水平插筋抗剪两部分承担。

（2）受拉时，搭接区域混凝土全截面均匀受力，不考虑由于裂缝开展不均匀导致的偏心加载。

（3）计算单元取1对搭接U形筋和其两侧混凝土U形筋间距的一半，计算单元如图4-12所示。

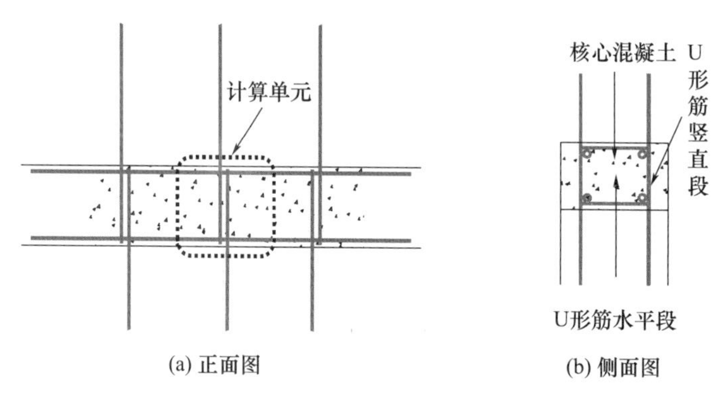

图4-12　计算单元示意图

二、受拉承载力计算式推导

基于上述假定，受拉承载力为

$$R_j = V_c + V_s \tag{4-1}$$

式中，R_j为受拉承载力；V_c为搭接区域混凝土抗剪承载力；V_s为水平插筋抗剪承载力。

（1）混凝土的抗剪承载力

混凝土的抗剪面积为搭接区域扣除4根水平插筋的面积，计算公式为

$$V_c = \left(A_c - n\frac{\pi}{4}d^2\right)f_y \tag{4-2}$$

式中，A_c为搭接区域的面积；n为水平插筋根数；d为水平插筋直径；f_y为混凝土的抗剪强度设计值。

混凝土抗剪强度测量及取值国内外存在不同的方法，张琦[72]通过研究发现，混凝土的抗拉强度和抗剪强度存在$f_y = 1.20f_t^{0.89}$的关系。当抗拉强度$f_t =$（1.8～5.0）MPa时，$\frac{f_t}{f_y} =$ 1.004～1.12，比值趋近于1。本文取$f_y = af_t$，则混凝土抗剪承载力计算公式为

$$V_c = a\left(A_c - n\frac{\pi}{4}d^2\right)f_t \tag{4-3}$$

（2）水平插筋抗剪承载力

关于钢筋的抗剪承载力 $V_{uE}=0.6n\frac{\pi}{4}d^2f_y$，文献［73］和［74］通过分析，得出系数为0.5～0.6。参照上述研究，水平插筋的承载力为

$$V_s=0.6n\frac{\pi}{4}d^2f_y \tag{4-4}$$

式中，n 为水平插筋根数；d 为水平插筋直径；f_y 为水平插筋的屈服强度设计值。

（3）受拉承载力计算式

整理得受拉承载力计算公式为

$$R_j=a\left(A_c-n\frac{\pi}{4}d^2\right)f_t+0.6n\frac{\pi}{4}d^2f_y \tag{4-5}$$

U形筋搭接区域在工程中不能先于钢筋破坏，式（4-5）中 a 对其中8榀U形筋先破坏的试件，进行峰值荷载包络分析，如图4-13所示。分析得系数 $a\geqslant1.015$，偏安全考虑，近似将其取值为1，因此搭接区域混凝土抗剪承载力计算公式为

$$R_j=\left(A_c-n\frac{\pi}{4}d^2\right)f_t+0.6n\frac{\pi}{4}d^2f_y \tag{4-6}$$

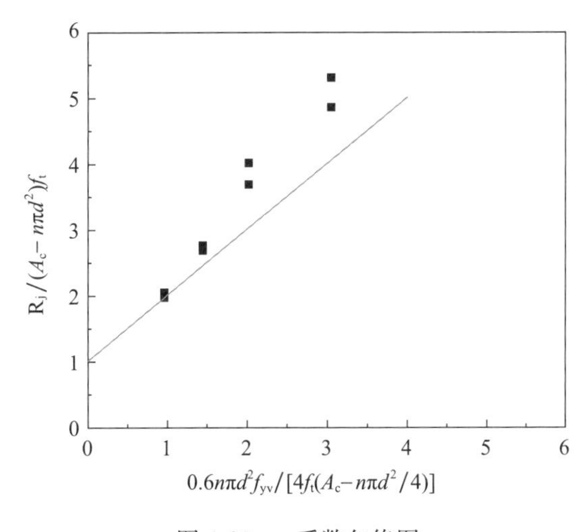

图4-13　a 系数包络图

分析表4-5可知，水平插筋面积与搭接区混凝土面积比值为0.78%～1.81%，忽略水平插筋面积计算得到的节点受剪承载力与由式（4-6）计算得到的承载力比值为1.004～1.005，得出以下情况可以忽略受剪混凝土中水平插筋的面积：

（1）当水平插筋面积占搭接区混凝土面积的3%以内时；

（2）搭接长度为120mm，$d<13$mm时；

（3）搭接长度为180mm，$d<16$mm时。

忽略水平插筋面积时受拉承载力计算式为

$$R_j=A_cf_t+0.6n\frac{\pi}{4}d^2f_y \tag{4-7}$$

表 4-5　忽略水平插筋面积抗剪承载力对比

试件/模型编号	P_{max}/kN	F_1/kN	F_2/kN	F_2/F_1	$\pi d^2/A_c$	$\lvert F_2-P_{max}\rvert/P_{max}$
D12h12LS8-1	81.72	74.43	74.79	1.005	1.16%	8.5
D12h12LS8-2	84.05	74.43	74.79	1.005	1.16%	11.0
D12h18LS8-1	93.89	89.81	90.17	1.004	0.78%	4.0
D12h18LS8-2	90.49	89.81	90.17	1.004	0.78%	0.4
D20h12LS10-1	132.00	122.37	122.93	1.005	1.81%	6.9
D20h12LS10-2	160.38	122.37	122.93	1.005	1.81%	23.4
D20h18LS10-1	168.33	137.75	138.31	1.004	1.21%	17.8
D20h18LS10-2	183.19	137.75	138.31	1.004	1.21%	24.5

注：表中 P_{max}为试验得到试件计算单元峰值荷载，F_1为由计算得到的节点抗剪承载力，F_2为忽略混凝土抗剪承载力中水平插筋面积计算得到的节点抗剪承载力，$\pi d^2/A_c$为搭接区域四根插筋面积与混凝土面积的比值。

由式（4-7）计算得出的承载力相对于试验得到的峰值荷载的相对误差（表 4-5）为 0.4%～24.5%。因直径 20mm 钢筋为剪力墙非常用钢筋，可得 U 形筋直径非 20mm 的试件误差为 0.4%～11.0%，整体试验值与计算值吻合较好。

根据 U 形筋搭接连接的两种破坏模式，最终给出 U 形分布筋搭接连接的承载力计算公式（4-8）为

$$F=\min\left(R_j=A_c f_t+0.6n\frac{\pi}{4}d^2 f_y,\ F_s=f_s A_s\right) \tag{4-8}$$

上述计算式基于理想静力分析推导，仅适用于静力工况，对于拉压往复等复杂工况，有待进一步研究。

第五节　U 形筋搭接长度设计

工程中搭接核心区不能破坏，搭接区域的抗剪承载力应该大于 U 形筋的抗拉承载力，因此搭接长度 l_v可按照下式计算：

$$R_j=A_c f_t+0.6n\frac{\pi}{4}d^2 f_y\geqslant F_s=f_s A_s \tag{4-9}$$

考虑存在剪力墙厚度较大的实际工程，采用式（4-9）计算得到的搭接长度 l_v较小，剪力墙截面剪力分布不均匀，为了保证搭接节点安全，避免搭接长度过小，因此给出 U 形分布筋搭接长度要求：$l_v\geqslant 0.4l_a$。其中 l_a是按现行《混凝土结构设计规范》(GB 50010) 计算的钢筋锚固长度。为便于工程应用，结合提出的计算式和综合考虑楼板厚度，对常用剪力墙厚 200mm、250mm 和常用钢筋直径 6mm、8mm、10mm、12mm、14mm 通过试算，给出偏于安全的建议搭接长度，见表 4-6。

表 4-6 墙厚 200mm 和墙厚 250mm 搭接长度推荐取值

墙厚/mm	U形筋配置	水平插筋直径/mm	计算搭接长度/mm	建议搭接长度/mm
200	8	6	87	120
	10	8	116	140
	12	10	148	170
	14	12	143	200
250	8	6	64	120
	10	8	86	140
	12	10	110	170
	14	12	105	200

第六节 小 结

（1）采用U形筋搭接连接的试件破坏状态有两种：第一种为U形分布筋搭接长度足够，U形筋被拉断，插筋剪屈；第二种为U形筋搭接长度不足，试件搭接区域的混凝土被剪坏，水平插筋被剪断或剪屈，U形筋未被拉断。

（2）对比第二组试件发现，当U形筋搭接长度不足时，搭接区域混凝土被剪坏，保持其他参数不变仅提高插筋直径，试件的搭接区域混凝土未被剪坏，表现为搭接长度足够的特征，说明插筋能够参与搭接连接节点的受力。

（3）基于试验结果，提出了U形筋受拉承载力计算式，剪力墙常用钢筋直径的试件计算所得承载力相对于试验测得的承载力误差为0.4%～11.0%，两者吻合较好，所提出的计算式可为U形筋搭接连接节点计算提供依据。在计算式的基础上，给出了不同U形筋直径和水平插筋直径下U形筋的建议搭接长度，可用于指导后续工程实践。

第五章　接缝处理方式对齿槽连接装配式剪力墙抗震性能的影响

第一节　概　述

预制混凝土剪力墙底部水平接缝是影响结构受力性能的关键部位。不同的接缝处理方式对预制混凝土剪力墙的受力和抗震性能影响较大。本章通过模型试验，重点研究了水平接缝处理方式对齿槽连接装配式剪力墙抗震性能的影响，以期为实际工程设计提供依据和合理化的设计建议。

第二节　试验概况

一、试件设计与制作

试验设计并制作了三个足尺复合齿槽式连接的装配式剪力墙，编号为 YZW1、YZW2 及 YZW3。所有试件均由地梁、预制墙体和加载梁组成，预制墙体尺寸为 2800mm×1500mm×200mm，墙体两侧设置截面尺寸为 200mm×200mm 的后浇暗柱，在墙体底部居中位置设置 700mm×270mm 的齿槽后浇区。所有预制试件配筋均相同，预制墙体的水平和竖向分布钢筋均为 ⌀10@200，两侧后浇暗柱纵向受力钢筋为 4⌀14，箍筋为 ⌀8@150 [图 5-1（a）]。底部齿槽后浇区上下层 U 形筋采用扣合搭接的连接方式，搭接长度为 200mm，同时在 U 形筋扣合搭接的四角分别设置水平插筋及附加箍筋，并对预制墙体底部水平分布钢筋进行加密处理，使齿槽后浇区的钢筋形成钢筋笼样式，有利于上下墙体 U 形钢筋应力的传递，通过齿槽后浇区上方的浇料口浇筑混凝土，完成上下层墙体连接 [图 5-1（b）]。三个预制剪力墙主要区别在于墙体与地梁的水平接缝处采取了不同的处理方式。试件 YZW1 的接缝处采取传统处理方式，即水平接缝处地梁上表面凿毛，底部后浇区穿过接缝的 U 形钢筋为 ⌀10 [图 5-2（a）]。试件 YZW2 的接缝处采取加劲型处理方式，即在水平接缝处地梁上表面凿毛的基础上，齿槽部位增设 H 型钢抗剪键，型钢尺寸为 120mm×80mm×10mm×10mm，伸出地梁上表面 160mm，齿槽后浇区穿过接缝的 U 形钢筋为 ⌀10 [图 5-2（b）]。试件 YZW3 的接缝处采取第二种加劲处理方式，在水平接缝处地梁上表面凿毛的基础上，增大穿过接缝的 U 形钢筋直径，U 形钢筋为 ⌀16 [图 5-2（c）]。试件具体构造及设计参数见表 5-1。

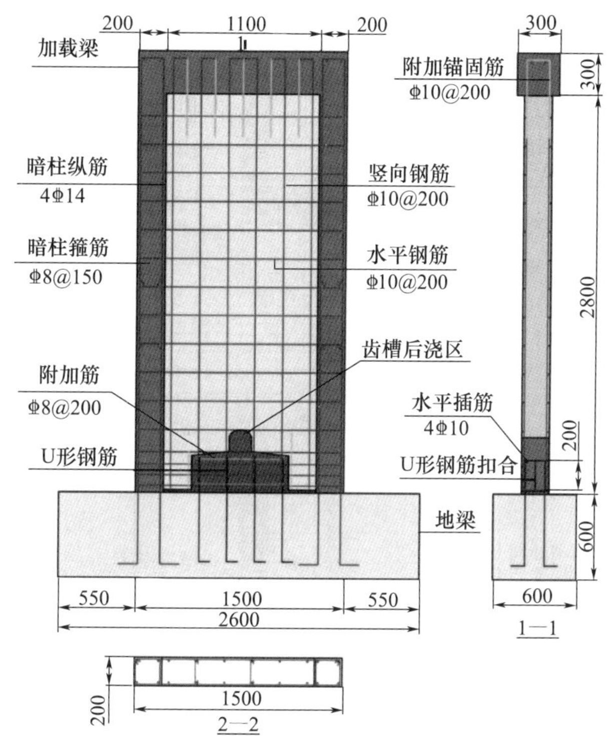

(a) 试件几何尺寸及配筋

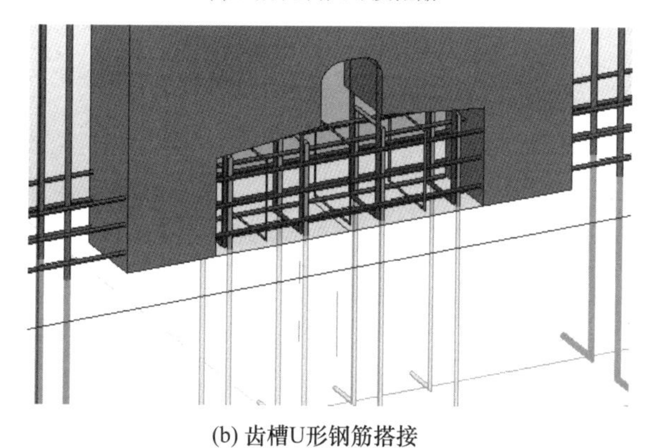

(b) 齿槽U形钢筋搭接

图 5-1 试件配筋及节点构造详图

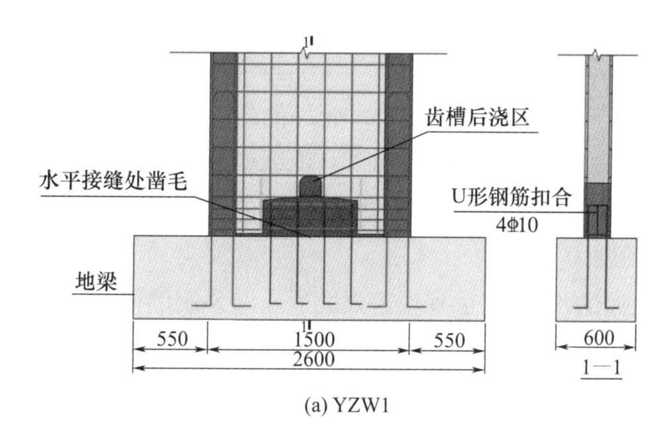

(a) YZW1

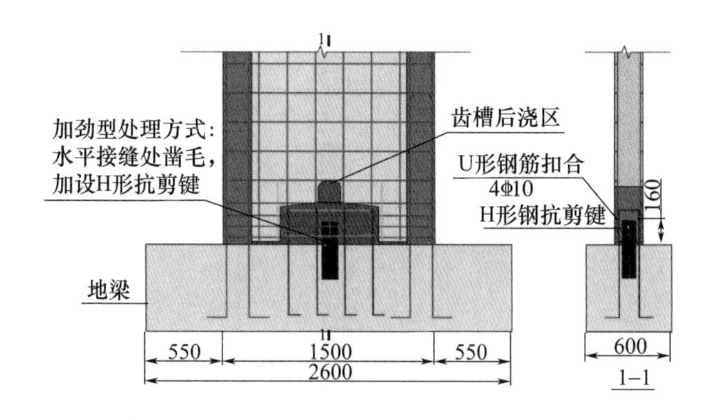

(b) YZW2

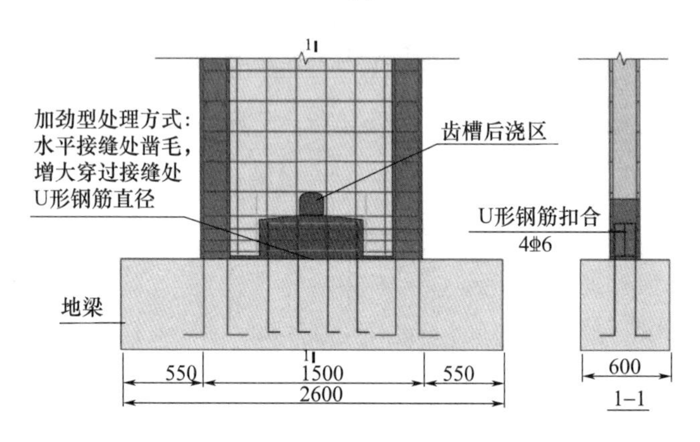

(c) YZW3

图 5-2　试件构造示意图

表 5-1　试件不同构造参数

试件编号	接缝处处理方式类型	接缝处处理具体操作方法	穿过接缝处U 形钢筋	齿槽混凝土	试验轴压比
YZW1	普通处理方式	水平接缝处凿毛	10	C35	0.12
YZW2	加劲型处理方式	水平接缝处凿毛，同时在齿槽区域增设型钢抗剪键，伸出地梁上表面 160mm	10	C35	0.12
YZW3	加劲型处理方式	水平接缝处凿毛，同时增大齿槽区域穿过接缝处 U 形钢筋直径	16	C35	0.12

三个预制混凝土剪力墙试件均在构件厂统一制作，预制试件的混凝土共分为两批次进行浇筑。首先预制墙体与地梁钢筋按照设计图纸要求进行绑扎，将预制好的模板对预制墙体与地梁进行支模并加固完成后，对所有试件的预制墙体及地梁进行第一次混凝土浇筑，混凝土设计强度为 C30。

待预制墙体与地梁的混凝土达到规定强度后，对预制墙体四周（包括齿槽区域）及地梁上表面进行凿毛处理，使之形成粗糙面。将预制墙体通过预埋吊具吊运至地梁上方进行拼装，并对上部加载梁、两侧暗柱及复合齿槽区域进行钢筋绑扎，并完成支模加固。预制试件进行第二批次浇筑时，首先浇筑加载梁与两侧暗柱，混凝土设计强度为C30，最后通过大齿槽上方的浇料口进行复合齿槽浇筑，混凝土设计强度为C35。试件制作过程如图5-3所示。

(a) 地梁钢筋绑扎及支模

(b) 预制墙体钢筋绑扎及支模

(c) 预制墙体混凝土浇筑

(d) 预制墙体四周凿毛

(e) 试件拼装

(f) 试件待浇筑混凝土

图5-3 制作过程

二、材料性能

表 5-2 给出了按标准拉伸试验[65]测得的钢筋屈服强度和抗拉强度实测平均值。所有试件的混凝土均分为两批浇筑，预制墙体与地梁第一批次浇筑，混凝土强度设计为 C30。待试件拼装完成后，对顶部加载梁，两侧暗柱及齿槽后浇区进行浇筑，其中加载梁与暗柱同时浇筑，混凝土强度为 C30，齿槽后浇区采用强度为 C35 的混凝土浇筑。不同批次浇筑时，不同型号混凝土均留置三块边长为 150mm 的混凝土立方体试块，测得预制墙体与地梁实测混凝土强度为 42.2MPa，顶部加载梁，两侧暗柱实测混凝土强度为 35.3MPa，齿槽后浇区实测混凝土强度为 46.5MPa。

表 5-2　钢筋力学性能

直径/mm	屈服强度/MPa	抗拉强度/MPa
8	436.8	630.5
10	430.6	632.4
14	442.2	617.5
16	447.5	632.6

三、试验加载装置与加载制度

试验加载装置如图 5-4 所示。加载装置主要包括反力架、分配钢梁、加载梁、竖向千斤顶和水平液压作动器等。竖向荷载由 2000kN 竖向千斤顶施加，通过滑动支座将竖向千斤顶与反力架连接，使竖向千斤顶与预制墙体能在水平方向自由移动，确保在整个试验加载过程中轴力恒定且竖直向下；将分配钢梁放置在顶部加载梁与竖向千斤顶之间，以确保轴力能够均匀分布和有效传递到试件加载梁上；水平方向采用 1000kN 电液伺服作动器施加往复水平荷载；将数根钢制压梁分别放置在地梁两侧上方及两侧端部，通过地锚螺栓与地面滑槽固定，避免试件在加载过程中出现滑移。

试验加载制度采用荷载-位移混合控制，共设定 14 级进行加载。屈服前，水平荷载分五级进行控制加载，每级水平力增量为 50kN，各级水平荷载分别加载一次。屈服后，采用水平位移分级加载，每级位移增量为屈服位移 Δ_y 的整数倍且循环加载两次。当水平荷载下降至试件峰值荷载的 85%以下时，试验结束。

四、量测内容与测点布置

试件由上至下布置七个位移计，各试件位移计测点布置如图 5-5 所示。在距地梁上表面 2950mm 加载梁中部布置一个位移计，用于量测墙体顶部水平位移及绘制荷载-位移曲线。为了测量墙体中部及底部塑性变形集中区域的水平位移，在墙体对应位置共布置三个位移计。在地梁非加载侧端部中心处及两侧上表面各布置一个位移计，分别用于监测地梁的滑动与转动引起的位移。

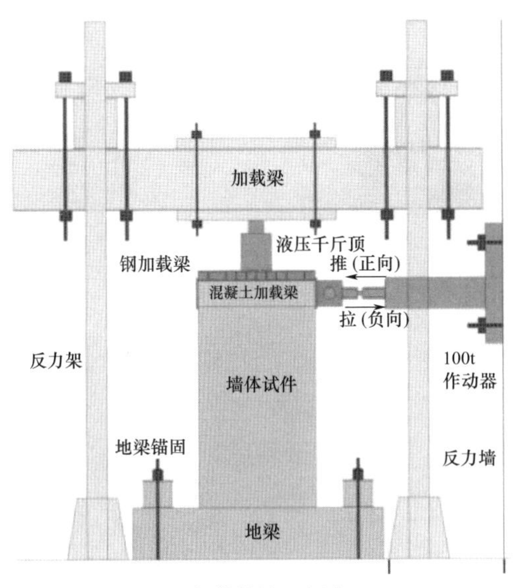

(a) 加载装置示意图

(b) 加载装置现场图

图 5-4　试验加载装置

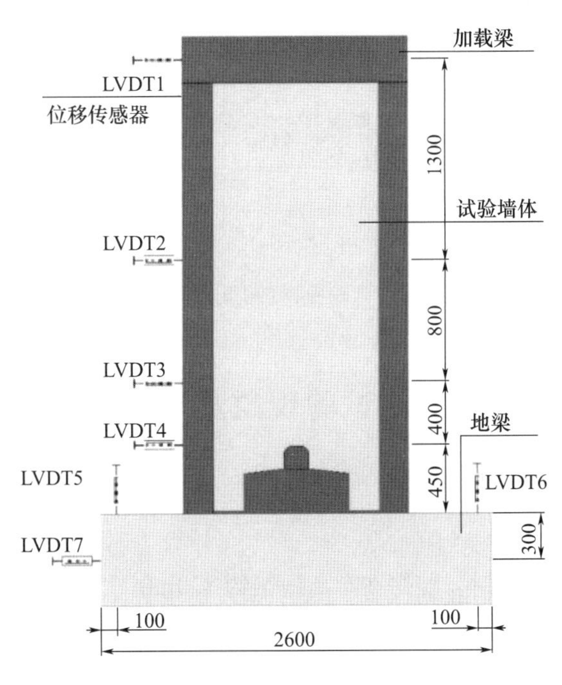

图 5-5　位移计测点布置

各试件钢筋应变测点布置如图 5-6 所示。为研究墙体受力钢筋的应力应变及齿槽后浇区 U 形筋扣合搭接是否有效传递钢筋应力，在预制墙体竖向分布钢筋和暗柱纵向钢筋底部设置三层钢筋应变测点，分别距墙体底部为 300mm、150mm、50mm，在试件 YZW2 的 H 型钢抗剪键上布置应变测点。

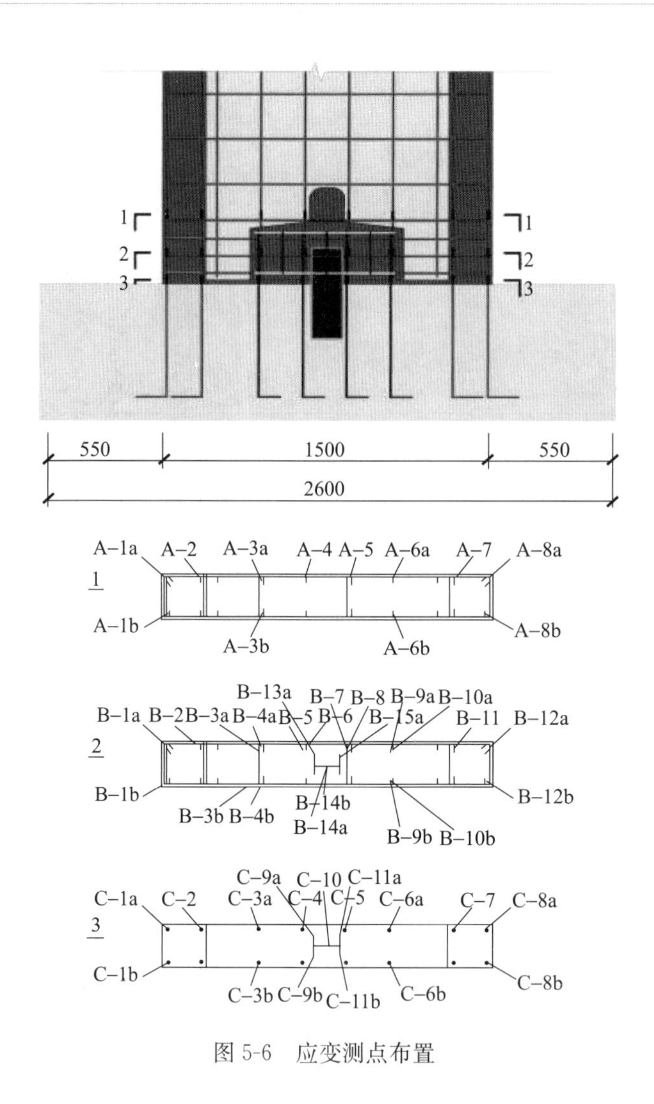

图 5-6 应变测点布置

第三节 试验现象及破坏模式

一、试件 YZW1

当水平力达到 155kN 时，墙体在距离地梁约 370mm 出现第一条水平裂缝，随着水平力逐渐增大，墙体从下至上水平裂缝逐渐增多，齿槽新旧混凝土接触面出现裂缝。在水平位移达到 13.37mm 时（位移角=1/220），水平力达到 342kN，边缘构件最外侧钢筋受拉屈服，墙体水平裂缝继续沿 45°方向斜向下发展，并延伸相交。当水平位移达到 36mm 时（位移角=1/82），水平荷载达到峰值 426.88kN，试件表面裂缝充分发展，两侧边缘构件底部混凝土受压大面积脱落，墙体与地梁之间形成一道宽 10mm 的通缝。此后，随着水平位移的持续增加，预制墙体基本不出现新裂缝。当水平位移达到 60mm 时（位移角=1/49），位移角超过 1/50，水平荷载下降到峰值荷载的 85%以下，边缘构件的外侧钢筋被拉断，墙体损坏明显，试验结束。试件 YZW1 最终破坏形态和裂缝分布图如图 5-7 所示。

二、试件 YZW2

当水平荷载达到 174kN 时，墙体在距离地梁约 300mm 处出现第一条裂缝，随着水平荷载的逐渐增大，暗柱表面水平裂缝逐渐增多，并不断往墙体中部延伸。当水平位移达到 13.76mm 时（位移角＝1/215），暗柱外侧钢筋屈服，墙体两侧底部出现密集裂缝，随着水平荷载的不断增加，墙体水平裂缝继续呈 45°方向斜向下延伸发展且相交，齿槽表面出现大量细微裂缝。当水平荷载达到峰值 472.9kN 时，水平位移为 42mm（位移角＝1/70），墙体两侧暗柱与地梁之间形成水平裂缝，宽度约 5mm，延伸至齿槽底部，但并未形成水平通缝。水平裂缝在齿槽边界处呈 30°方向斜向上发展并交于齿槽中部，形成主要裂缝，同时暗柱两侧的混凝土大面积脱落。当水平位移达到 72mm 时（位移角＝1/41），试件明显处于倾斜状态，水平荷载逐渐降到峰值荷载的 85％，暗柱最外层钢筋被拉断，其余纵筋鼓曲，试验结束。试件 YZW2 最终破坏形态和裂缝分布图如图 5-8 所示。

图 5-7　试件 YZW1 最终破坏形态和裂缝分布图

图 5-8　试件 YZW2 最终破坏形态和裂缝分布图

三、试件 YZW3

当水平力达到 182kN 时，墙体在距地面 600mm 处出现第一条水平裂缝。当水平位移达到 11.41mm 时（位移角＝1/259），边缘构件受压钢筋屈服，墙体新增大量水平裂缝，随着加载位移的不断增大，齿槽与墙体新旧混凝土交接处出现裂缝，原有水平裂缝开始沿 45°方向斜向下延伸并在 400mm、700mm、1200mm 处形成交叉。当水平位移达到 36mm 时（位移角＝1/82），水平荷载达到峰值 483.7kN，两侧边缘构件受压区混凝土脱落，墙体两侧与地梁之间形成底部水平裂缝。随着试验加载的进行，底部水平裂缝由墙体两侧延伸至齿槽边缘即斜向上发展并相交距地梁表面 180mm 处。此后，随着水平位移的继续增大，墙体基本无新裂缝出现，水平裂缝与齿槽表面斜裂缝缝宽增大，墙体两侧底部混凝土继续脱落。当水平位移达到 60mm 时（位移角＝1/49），边缘构件的最外侧钢筋鼓曲，墙体两侧底部混凝土破坏严重且大面积脱落，此时试件水平荷载下降至峰值荷载的 85%以下，试验结束。至试验结束，整个齿槽与地梁水平接缝处未形成裂缝，状态较好，试件主要裂缝宽度约 10mm，且裂缝发展充分。试件 YZW3 最终破坏形态和裂缝分布图如图 5-9 所示。

图 5-9　试件 YZW3 最终破坏形态和裂缝分布图

第四节　试验结果与分析

一、滞回曲线

滞回曲线根据距离地梁表面 2950mm 处的位移计采集的位移数据和对应的水平荷载进行绘制，纵坐标为施加于加载梁的水平荷载值，横坐标为水平荷载对应的位移值（图 5-10）。

由图可知，在墙体开裂前，各试件处于弹性工作阶段，滞回曲线基本呈线性变化，滞回环面积较小，残余应变较小。随着水平位移的不断增加，墙体裂缝得到充分的发展，暗柱最外侧钢筋屈服，钢筋塑性变形不断增大，滞回环由狭长趋于饱满，试件耗能能力逐渐提高，刚度逐渐退化。随着主裂缝宽度的增大，滞回环出现捏缩现象。相比于试件 YZW2 与 YZW3，试件 YZW1 滞回环面积明显较小，表明增设型钢抗剪键和增大穿过接缝处 U 形钢筋的直径能够提高预制试件的耗能能力及塑性变形能力，避免发生上下层墙体发生错动。

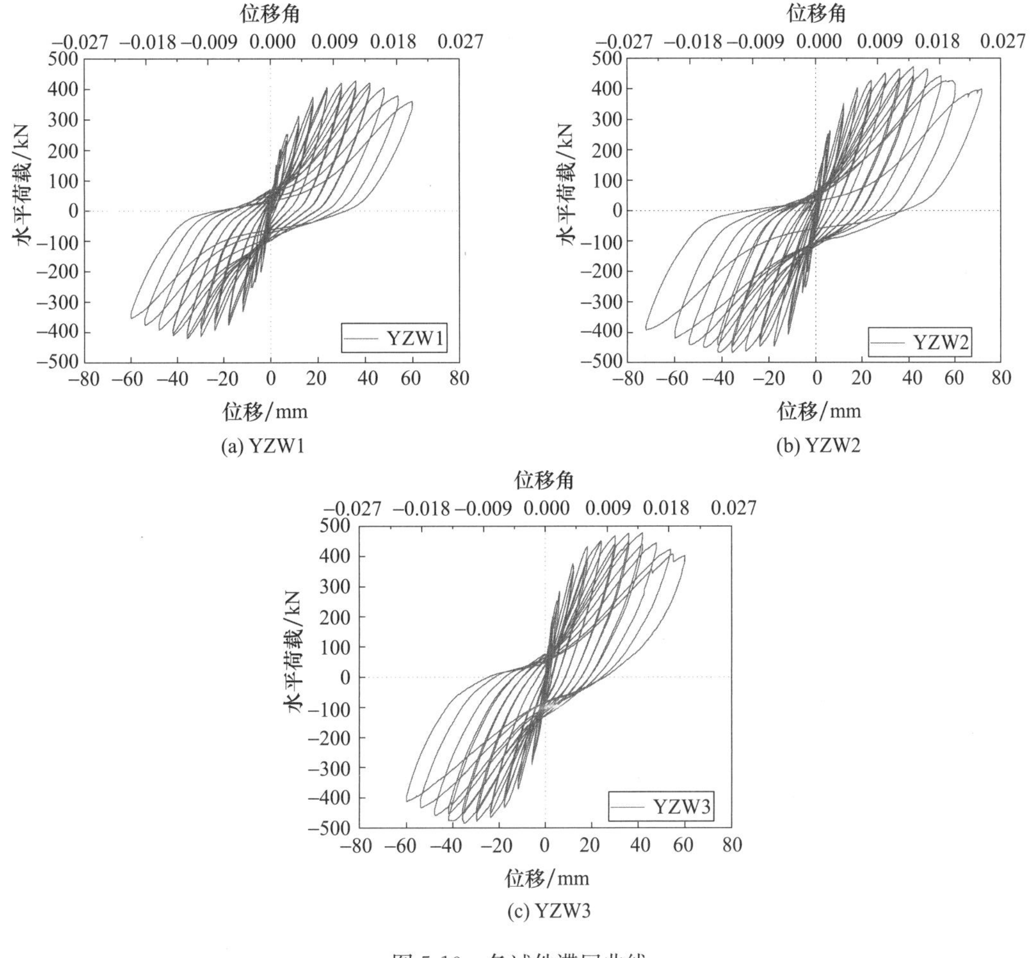

(a) YZW1

(b) YZW2

(c) YZW3

图 5-10 各试件滞回曲线

二、骨架曲线

由图 5-11 可知，在试验加载初期，各试件的骨架曲线并没有因为水平荷载的增大产生明显差距，均呈线性变化。试件开裂后，骨架曲线呈弹塑性特征发展。当水平荷载达到峰值后墙体两侧混凝土脱落，暗柱纵向钢筋与墙体受力钢筋分别屈服，试件主要裂缝宽度增大，承载力逐渐降低。其中，试件 YZW1 的承载力明显低于试件 YZW2 及 YZW3 的承载力，表明水平接缝处采用增设型钢抗剪键和增大穿过接缝处的 U 形钢筋直径的两种加劲型处理方式均能有效提高预制试件的承载力。试件 YZW1 与试件 YZW3 除承载力差距较大外，其试件的骨架曲线发展趋势基本相同，试件 YZW2 在达到水平荷载峰值后，其承载力下降较慢，延性最好。

三、承载力

表 5-3 中列出了试件各阶段水平荷载，分别为试件的开裂荷载、屈服荷载、峰值荷载。由表可知，试件 YZW1 的开裂荷载与屈服荷载值最小，试件 YZW2 与 YZW3 的屈

服荷载接近，其屈服荷载值相较于YZW1提高了8.5%和10.5%，原因是接缝处在传统凿毛处理方式的基础上，增设型钢抗剪键及增大穿过接缝的U形搭接钢筋直径，能够承受部分水平剪力，使边缘构件纵向钢筋更晚达到屈服荷载，延缓了墙体的裂缝发展。试件YZW2与YZW3的峰值荷载相较于YZW1提高10.9%、13.8%，这是因为接缝处采取加劲型处理方式，能够有效提高墙体水平接缝处的抗剪承载力，使预制墙体与地梁之间未形成贯通缝，增强了预制墙体的变形能力和压弯承载力。

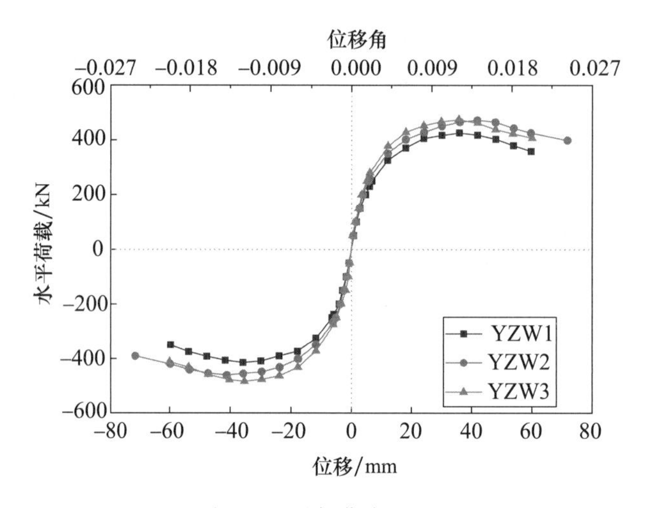

图5-11　骨架曲线对比图

表5-3　各阶段水平荷载

试件编号	开裂荷载			屈服荷载			峰值荷载		
	正向	反向	平均	正向	反向	平均	正向	反向	平均
YZW1	155.3	153.1	154.2	342.6	335.8	339.2	426.9	415.4	421.2
YZW2	174.7	169.4	172.1	374.1	369.5	371.8	472.9	461.2	467.1
YZW3	182.3	185.8	184.1	373.6	391.8	382.7	475.6	483.7	479.7

四、变形能力及延性

表5-4列出了试件主要阶段的变形值，分别是试件的开裂位移Δ_{cr}，屈服位移Δ_y、峰值位移Δ_p、极限位移Δ_u及其所对应的层间位移角θ。定义层间位移角$\theta=\Delta/H$，Δ为水平荷载加载点的水平位移，H为加载点至地梁上表面距离，取2950mm。

表5-4　主要阶段变形值

试件编号	加载方向	开裂		屈服		峰值		极限	
		Δ_{cr}	Δ_{cr}	Δ_y	θ_y	Δ_p	θ_p	Δ_u	θ_u
YZW1	正向	2.54	1/1161	12.67	1/233	35.92	1/82	58.33	1/51
	反向	2.35	1/1255	12.31	1/240	35.69	1/83	59.21	1/50
	平均	2.45	1/1207	12.49	1/236	35.8	1/82	58.78	1/50

续表

试件编号	加载方向	开裂		屈服		峰值		极限	
		Δ_{cr}	Δ_{cr}	Δ_y	θ_y	Δ_p	θ_p	Δ_u	θ_u
YZW2	正向	2.29	1/1288	13.36	1/221	41.87	1/70	70.27	1/42
	反向	2.71	1/1088	12.89	1/229	41.13	1/72	70.63	1/42
	平均	2.5	1/1180	13.13	1/225	41.5	1/71	70.45	1/42
YZW3	正向	2.93	1/1007	12.44	1/237	35.73	1/83	60.07	1/49
	反向	2.67	1/1105	11.92	1/247	35.17	1/84	59.91	1/49
	平均	2.8	1/1054	12.18	1/242	35.45	1/83	59.94	1/49

由表可知，试件 YZW1 与 YZW3 的极限位移角相差无几，试件 YZW2 的极限位移角则因为接缝处增设型钢抗剪键而提高 19%，表明增设型钢抗剪键的处理方式对预制墙体塑性变形能力的提高有较好的作用。各试件的位移角为 1/51～1/42，远大于规范[69]规定的弹塑性极限位移角限值 1/120。所有预制试件的延性系数均大于 4，试件 YZW2 及 YZW3 延性系数相较于 YZW1 分别提高 13.3%和 4.7%，表明水平接缝处通过增设型钢抗剪键，可以有效提高预制墙体的变形能力，而采用增大穿过接缝的 U 形钢筋直径的处理方式对提高预制墙体的变形能力相对较小。

五、耗能能力

图 5-12 为试件累计耗能曲线。由图可知：所有试件等效黏滞阻尼系数整体上随位移的增大而提高，随着位移控制加载循环次数的增加，滞回曲线由狭长逐渐趋于饱满，等效黏滞阻尼系数逐渐增大，表明预制试件在塑性阶段消耗的能量增多。预制试件 YZW2 与 YZW3 的等效黏滞阻尼系数明显高于试件 YZW1，表明接缝处经过加劲型方式处理后的预制墙体比采用普通传统凿毛处理方式的预制墙体具有更好的耗能性能，抗震性能更好。

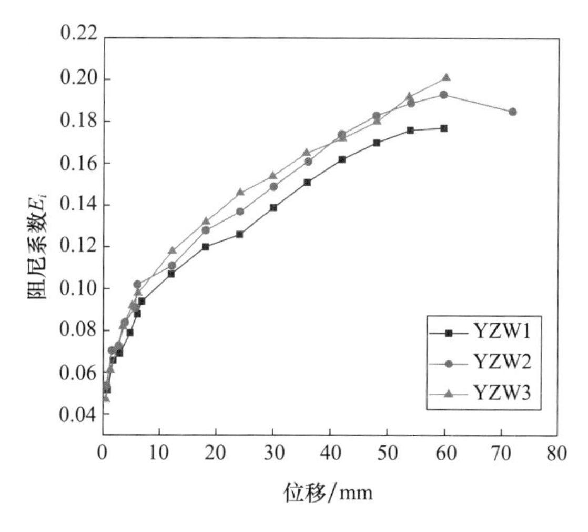

图 5-12 累计耗能曲线

六、刚度退化

由图 5-13 刚度退化曲线对比可知：各试件等效刚度退化曲线趋势基本相似。在试件未产生裂缝时，各试件的初始刚度较大。随着水平荷载的不断增加，预制墙体裂缝不断增加及延伸，在试件未达到屈服荷载前刚度退化较快。当边缘构件纵向钢筋屈服，墙体裂缝得到充分发展，各试件刚度退化进入平缓阶段。随着试件墙体的主要裂缝已经形成，尽管试验中水平位移不断增大，但试件墙体基本没有新的裂缝出现，各试件的刚度趋于一致。试件 YZW2 与 YZW3 的初始刚度远大于试件 YZW1，主要是因为试件水平接缝处通过增设型钢抗剪键和增大穿过接缝的 U 形钢筋的直径，能够使齿槽部位得到进一步的强化，对提高试件刚度有显著的效果。试件 YZW3 的初始刚度明显高于试件 YZW2，表明接缝处增大 U 形钢筋的直径比增设型钢抗剪键更有利于提高预制试件的初始刚度。

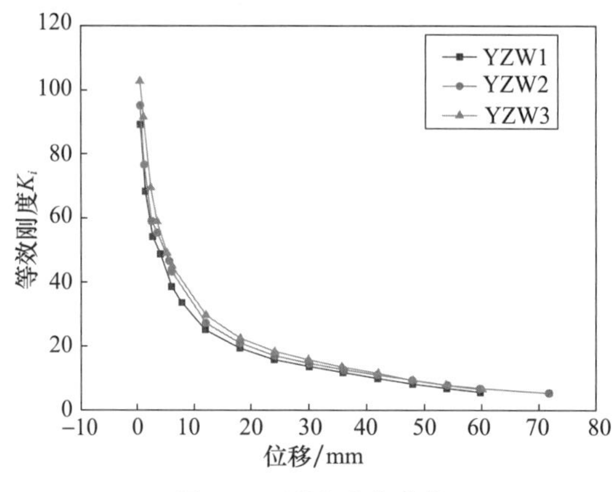

图 5-13　刚度退化曲线

七、钢筋应变分析

图 5-14 为在低周往复加载过程中，预制试件 YZW1、YZW2、YZW3 在距墙底部 50mm 和 300mm 高度处墙体纵向钢筋的应变分布图。定义预制墙体正面左侧边缘为起始点，X 为钢筋应变测点距墙体左侧的距离。

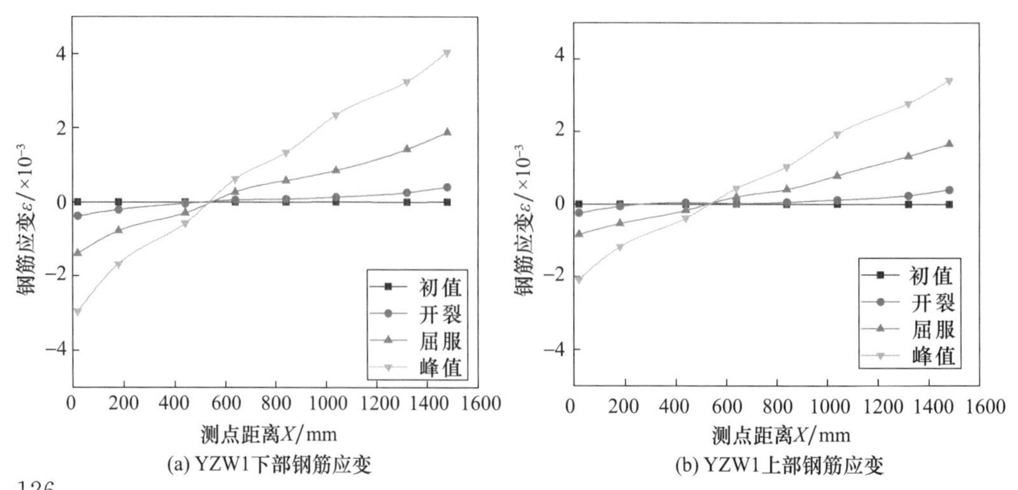

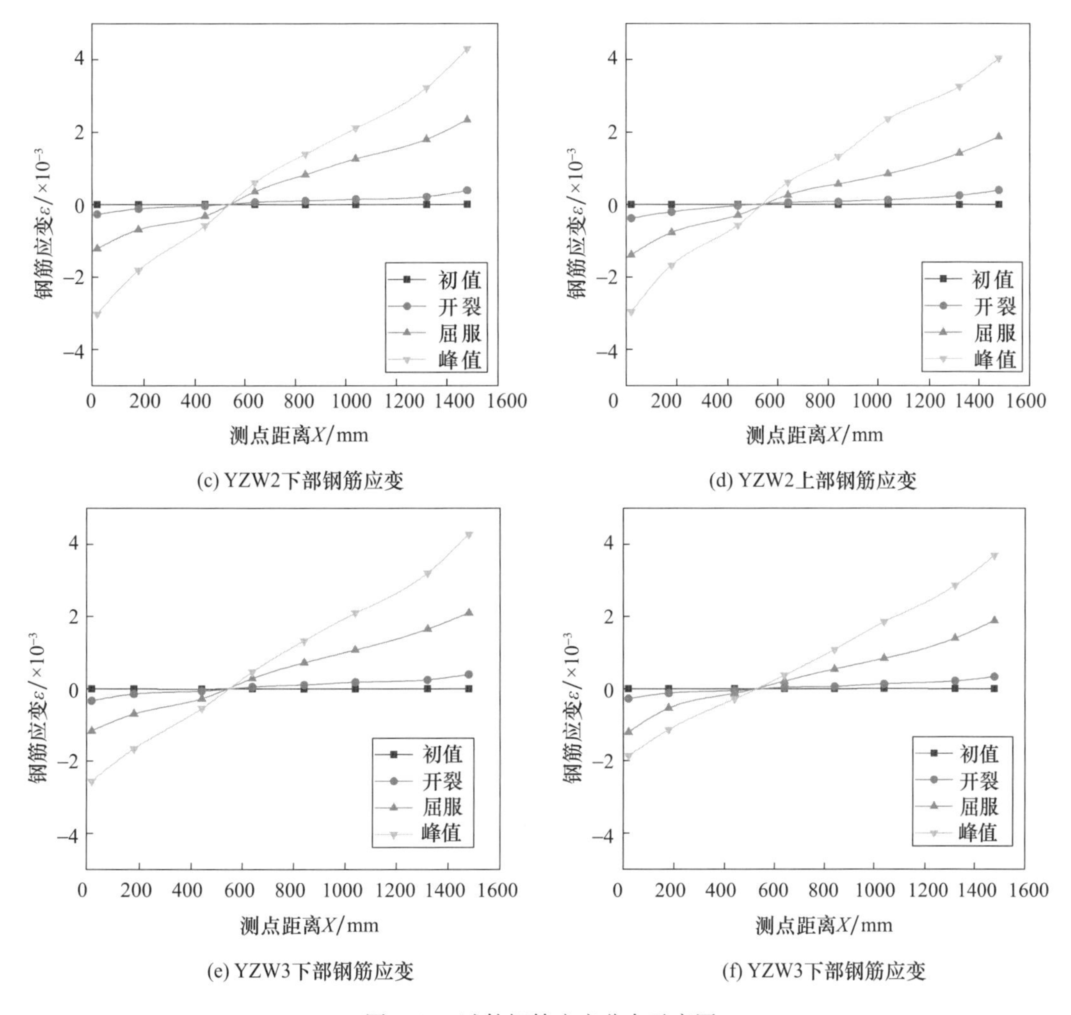

图 5-14 试件钢筋应变分布示意图

由图可知，在钢筋屈服之前，钢筋应变基本符合平截面假定。钢筋屈服后，应变不再满足线性分布关系。在同一位置处，预制墙体 U 形筋和穿过接缝处预留的 U 形筋应变相差不大，说明接缝处采取不同处理方式的齿槽连接预制剪力墙，其齿槽部位上下层 U 形筋扣合搭接连接性能可靠，均能有效传递钢筋应力。

第五节 数值模拟分析

一、本构模型

钢筋采用双折线弹性强化模型本构关系，钢筋屈服后强化段弹性模量为 $0.01E_s$，钢筋的密度为 7800kg/m^3，泊松比为 0.3。混凝土本构模型采用混凝土塑性损伤模型。对于非均匀材料的混凝土构件在反复加载过程中会发生破坏成为损伤，主要表现为裂缝的发展，随着混凝土裂缝的发展，混凝土损伤的不断累加，会导致混凝土的刚度与强度出现退化且不可恢复，具体表现为弹性模量的折减。采用损伤因子来表现其材料的刚度退化。

二、有限元模型建立

（一）单元选取与划分

在单元选取方面，钢筋选取三维桁架单元 T3D2 模型，按照钢筋直径的不同对其赋予不同的截面属性。混凝土选用 8 个节点的三维实体减缩积分单元 C3D8R 模型，混凝土单元按照 50mm×50mm×50mm 的网格进行划分。

（二）新旧混凝土结合面模型

图 5-15 为新旧混凝土结合面法向本构模型。法向接触关系采用硬接触进行处理。假定新旧混凝土结合面为理想弹塑性受压状态，当结合面开始接触时，施加接触约束，当达到混凝土极限抗拉强度后，结合面的承载力将保持不变。当达到混凝土极限抗拉强度后，接触面即将相互分离，接触约束解除，新旧混凝土结合面的承载力迅速下降至零。

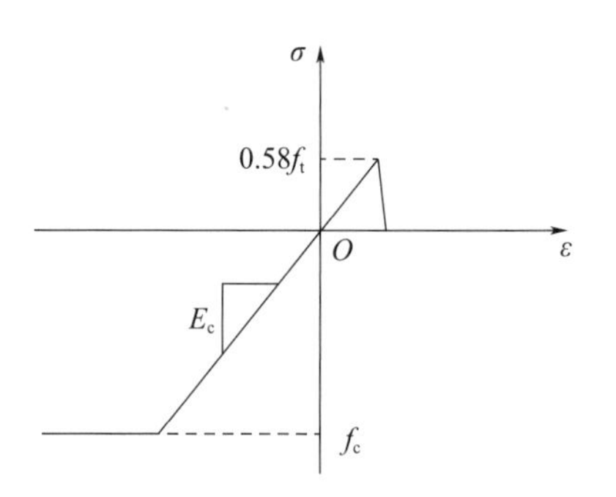

图 5-15　结合面法向本构模型

结合面切向本构关系以新旧混凝土结合面三个受力阶段为模型。第一阶段，由于墙体未开裂与钢筋未屈服，结合面滑移只有混凝土的剪切变形，此阶段可忽略不计。第二阶段，新旧混凝土结合面处钢筋进入塑性阶段，结合面处开始产生裂缝，同时产生一定的滑移。在此阶段，混凝土的剪应力保持不变，钢筋达到屈服。第三阶段，穿过结合面的钢筋屈服，结合面的剪应力依然保持不变但滑移不断增大，并进入塑性状态。式 5-1 为新旧结合面切向剪应力-界面滑移的计算公式。

$$\tau_u = cf_t + \mu\sigma \tag{5-1}$$

（三）荷载和边界条件

鉴于预制试件中墙体竖向分布的 U 形筋与穿过结合面的倒 U 形筋采取的搭接连接方式，有限元建模时将墙体分布钢筋、穿过接缝处的 U 形筋及地梁钢筋分开建模，通过 Tie 连接模拟 U 形筋接触搭接关系，整体钢筋笼通过 Embedded 功能嵌入混凝土单元中。为模拟齿槽式连接，新旧混凝土间采用接触处理，法向采用硬接触，切向采用罚函数，摩擦系数取 0.4。在第一步分析中，在地梁底部施加固定约束，在加载梁顶部施加均布荷载。在第二步分析中，在加载梁一侧设置参考点 RP1，将参考点 RP1 与加载梁侧面耦合，对参考点 RP1 施加水平荷载。图 5-16 为预制试件有限元建模过程。

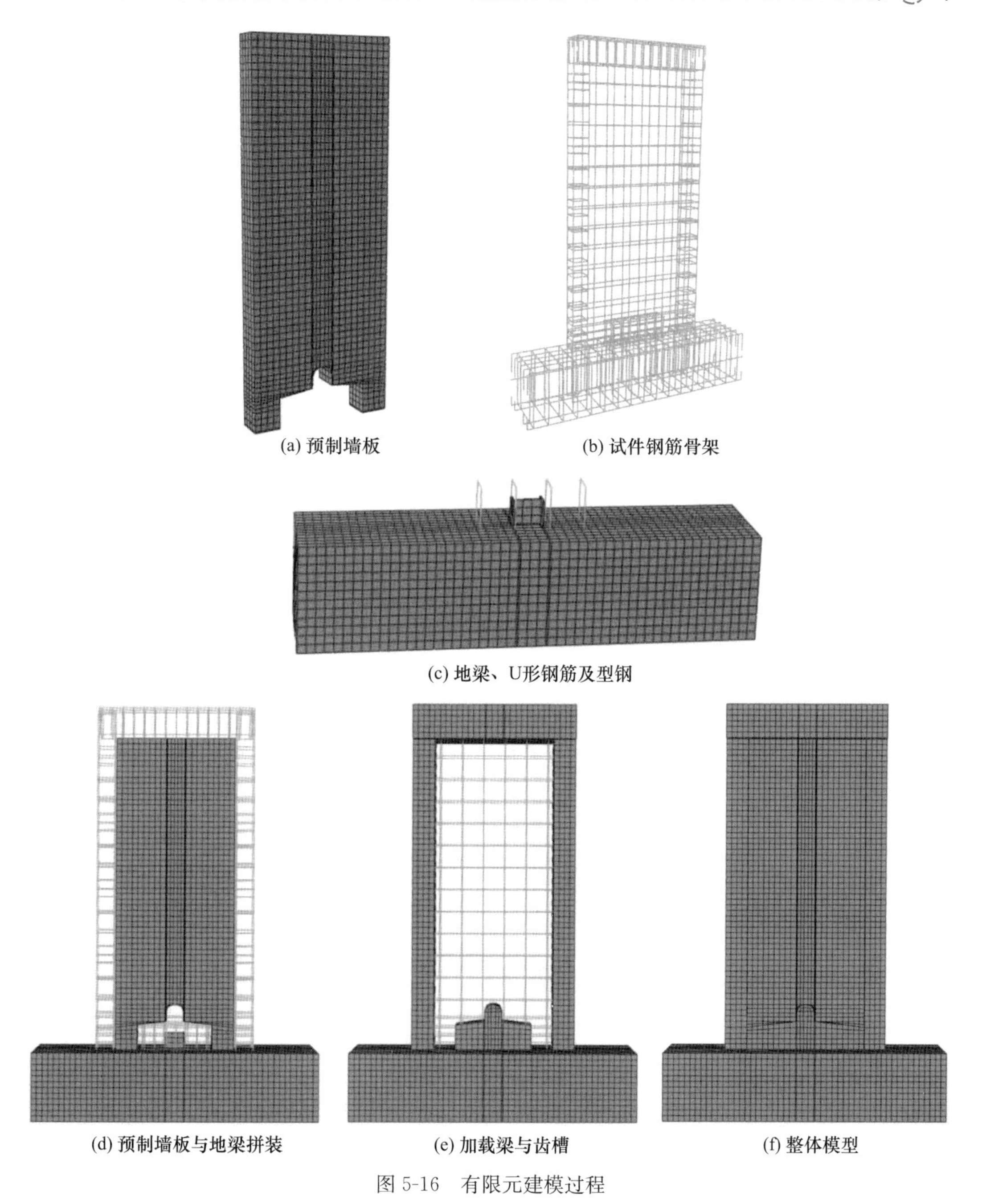

(a) 预制墙板 (b) 试件钢筋骨架

(c) 地梁、U形钢筋及型钢

(d) 预制墙板与地梁拼装 (e) 加载梁与齿槽 (f) 整体模型

图 5-16 有限元建模过程

三、有限元模型验证

（一）骨架曲线和承载力

图 5-17 是试件在低周往复加载试验中得到的骨架曲线与试件在有限元分析中在单向水平荷载作用下的骨架曲线对比图，表 5-5 为试件在低周往复加载试验中得到的主要阶段承载力与试件在有限元分析中在单向水平荷载作用下的主要阶段承载力对比。

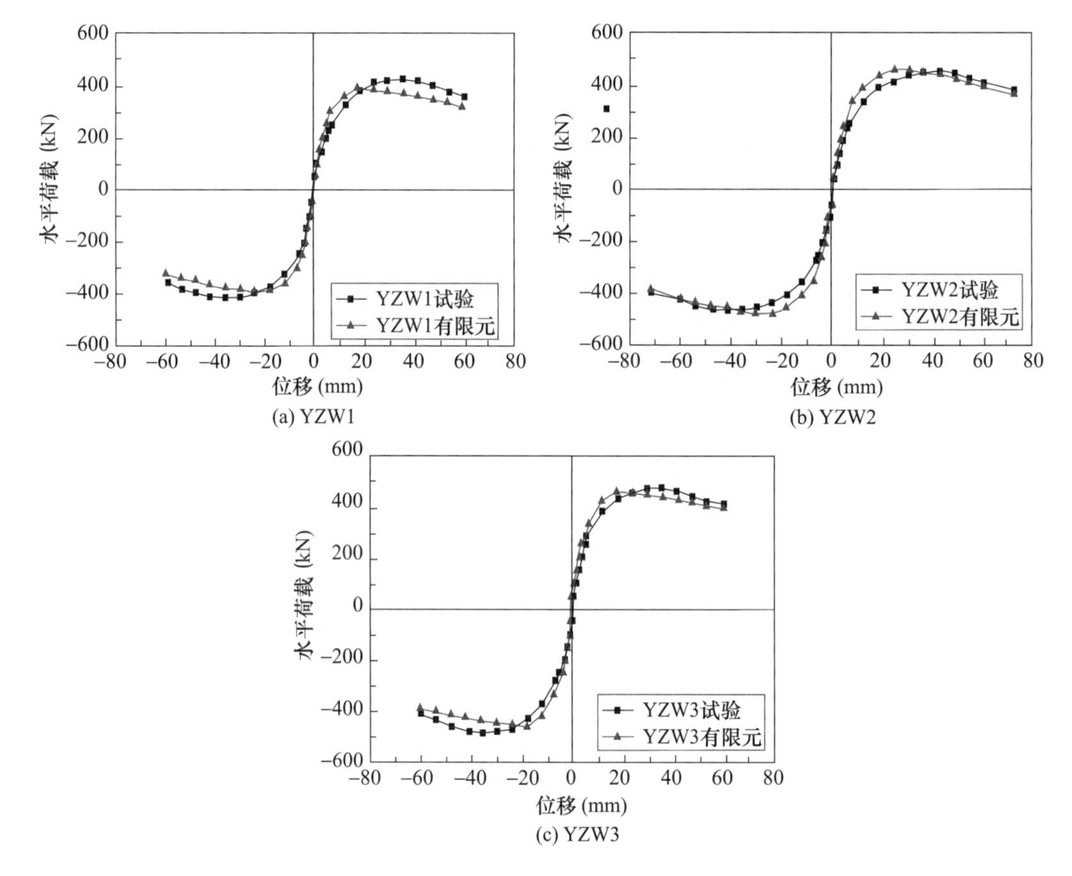

图 5-17　试验与有限元模型分析骨架曲线对比图

表 5-5　试验与有限元模型分析承载力对比

试件编号		屈服荷载			峰值荷载			极限荷载		
		正向	反向	平均	正向	反向	平均	正向	反向	平均
YZW1	试验	342.6	335.8	339.2	426.9	415.5	421.2	359.2	350.1	354.7
	有限元	308.6			384.9			318.5		
YZW2	试验	374.1	369.5	371.8	472.9	461.2	467.1	399.2	392.4	395.8
	有限元	356.3			478.9			382.3		
YZW3	试验	373.6	391.8	382.7	475.6	483.7	479.7	406.7	412.5	409.6
	有限元	352.6			456.8			387.5		

经分析可得出以下结论：

（1）三个预制试件的试验骨架曲线与有限元模型的骨架曲线走势基本相同，各试件的初始刚度与试验结果中的初始刚度也几乎相同，正反方向的峰值荷载、极限荷载均相差不大，模拟分析结果与试件试验结果较为吻合。三个预制试件的峰值荷载对应的位移均小于实际试验中的峰值荷载位移。

（2）在试件屈服后，在承载力上升段，有限元模拟试件的刚度均大于实际试验中的试件刚度；当超过峰值荷载后，有限元模拟试件的承载力下降段相较于实际试验下降段相对平缓；此外，在试件极限状态时，有限元模拟试件的试件极限承载力均大于实际试验中试件极限承载力。

（二）破坏模式

图 5-18 为各试件有限元模型中混凝土受拉与受压损伤图。在有限元模型分析中，混凝土受拉损伤因子在边缘构件区域近似水平，在预制墙体中部按照一定的角度斜向发展。此外通过各试件混凝土拉伸损伤云图对比可知，各试件在墙体脚部损伤较为严重，墙体裂缝均发展充分，YZW2 与 YZW3 的裂缝发展更充分，以上现象与各试件在试验加载过程中裂缝发展情况基本相似。

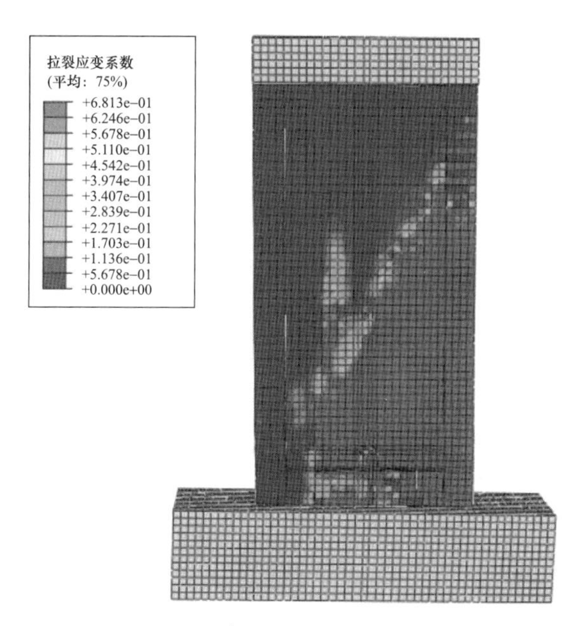

(a) 试件YZW1混凝土受拉损伤与试验破坏对比图

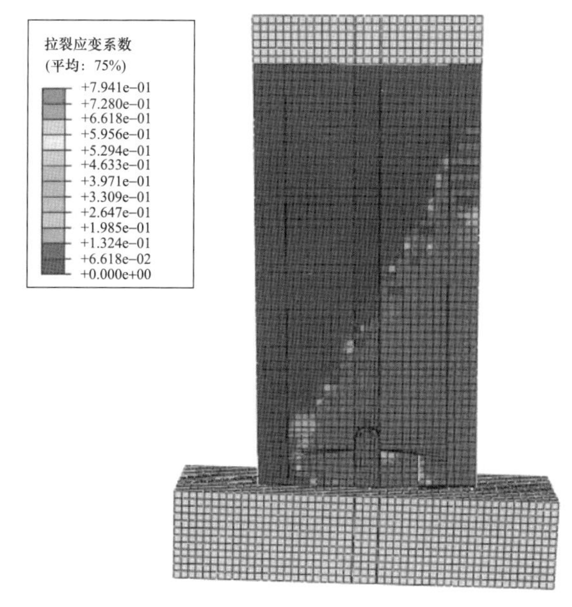

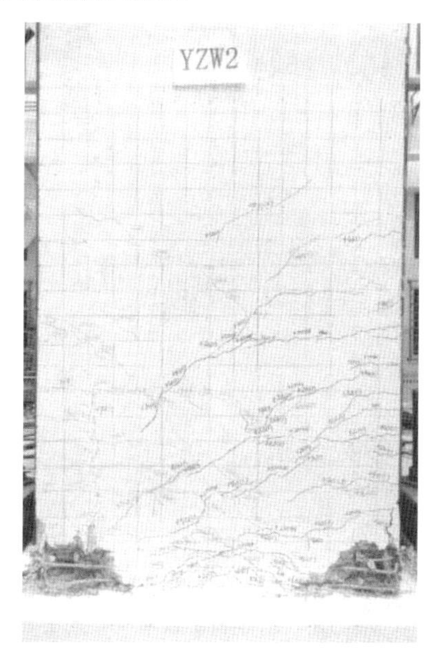

(b)试件YZW2混凝土受拉损伤与试验破坏对比图

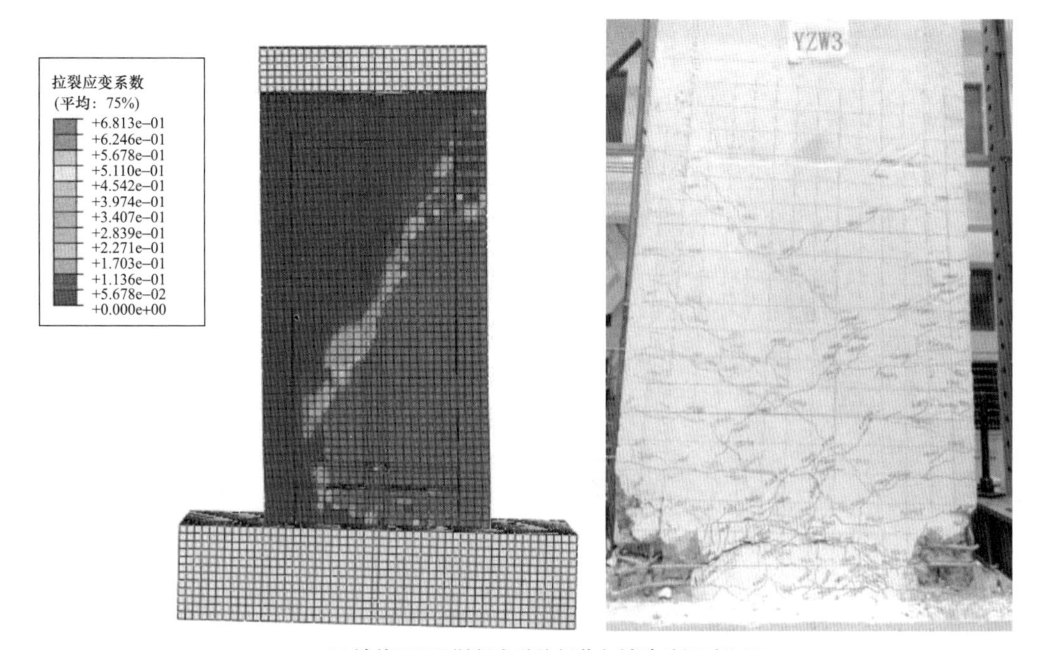

(c) 试件YZW3混凝土受拉损伤与试验破坏对比图

图 5-18　各试件混凝土受拉损伤与试验破坏对比图

（三）钢筋应力

图 5-19 为各试件有限元模型中钢筋应力分布云图。由图可知，试件 YZW1、YZW2 及 YZW3 在竖向轴力与单向水平荷载作用下达到极限状态时，其边缘构件纵向受力钢筋在底部屈服，预制墙体的竖向分布钢筋在上部仍处于弹性状态，在底部基本屈服。

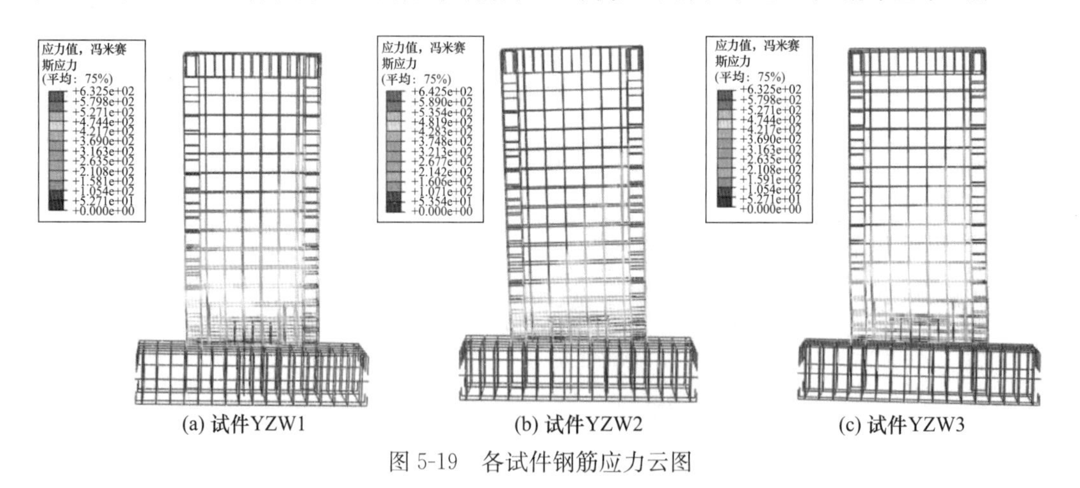

(a) 试件YZW1　(b) 试件YZW2　(c) 试件YZW3

图 5-19　各试件钢筋应力云图

四、参数分析

（一）轴压比

以试件 YZW2 及 YZW3 的构造为基准模型，取轴压比为取 0.08、0.12、0.16 及 0.24。研究在不同轴压比下，接缝处不同处理方式对齿槽连接预制剪力墙抗震性能的影响。试件 YZW2 与试件 YZW3 在不同轴压比下的骨架曲线对比如图 5-20 与图 5-21 所示。

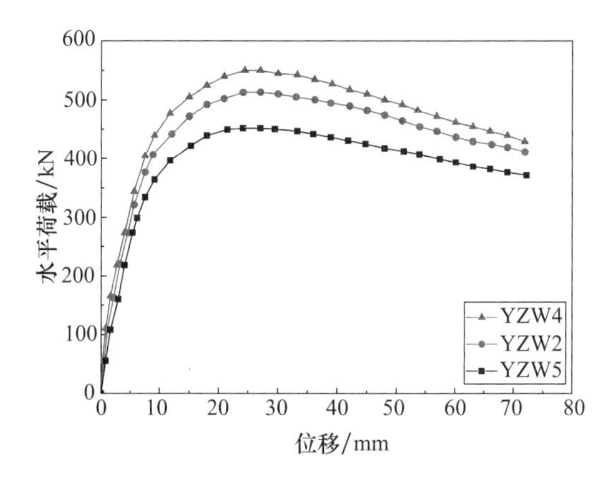

图 5-20　YZW2 不同轴压比骨架曲线

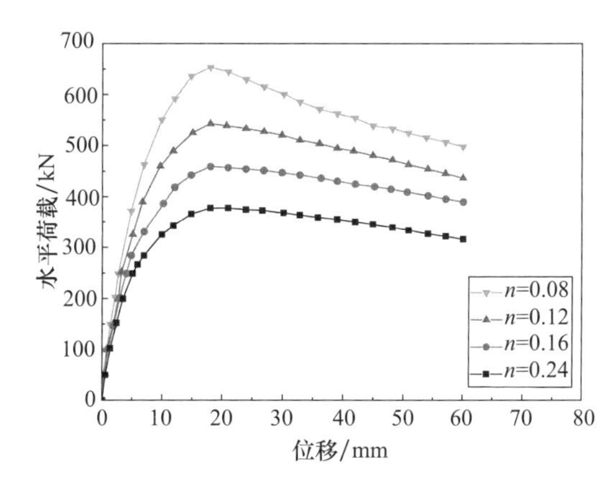

图 5-21　YZW3 不同轴压比骨架曲线

由图可知，接缝处采取增设型钢抗剪键与增大穿过接缝处 U 形筋直径的两种处理措施的预制试件，虽然接缝处处理方式不同，但是预制试件在不同轴压比下的受力性能及变化规律基本相似。接缝处采取相同处理方式的预制试件，初始刚度基本相似，并没有因轴压比的不同产生变化。随着位移的进一步增大，轴压比越大的预制试件，其刚度逐渐增大。接缝处采取相同处理方式的预制试件，随着位移逐渐增大，预制试件的轴压越大，其承载力越大。在水平荷载达到峰值后，轴压较小的预制试件，其承载力下降较慢。反之，轴压较大的预制试件，其承载力下降较快。

（二）U 形筋直径

由于复合齿槽区域是本次试验试件上下墙板连接的关键区域，穿过接缝处 U 形筋对试件抗剪能力有重要的影响。根据试验结果与模拟结果可知，试件 YZW3 齿槽处抗剪 U 形筋为 Φ16，已满足试件承载力及变形要求，预制墙体抗剪能力得到大大的加强。故以试件 YZW3 模型为基准，选择穿过接缝处的抗剪 U 形筋分别为 Φ10、Φ14、Φ16、Φ22，进行有限元建模与数值分析。图 5-21 为不同抗剪 U 形钢筋直径骨架曲线对比。

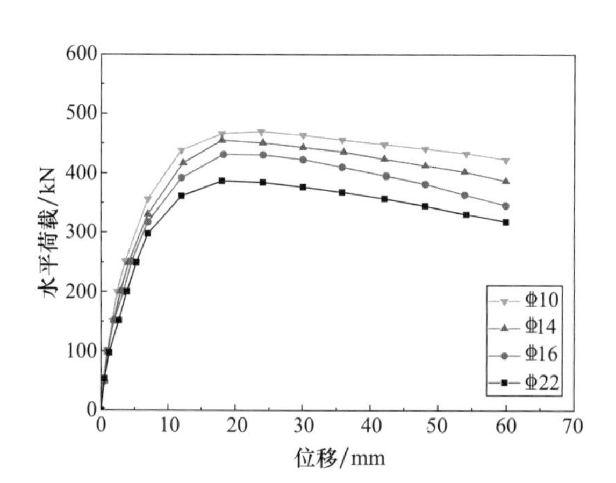

图 5-22　不同抗剪 U 形筋直径骨架曲线对比

由图可知，所有试件模型的骨架曲线走势基本相似，均有上升段与下降段。在一定范围之内，随着钢筋直径增大，承载力逐渐增大，初始刚度逐渐增大。抗剪钢筋分别为 ⌀22 和 ⌀16 的两个预制试件相比较，试件承载力和刚度并没有因为齿槽部位抗剪承载力过度加强而大幅度提升。原因可能是试件破坏形式是边缘构件钢筋受拉屈服，墙体两侧底部混凝土被压碎脱落，齿槽连接区域并没有被完全剪坏。

（三）H 型钢抗剪键

为进一步研究型钢抗剪键对齿槽连接的预制剪力墙性能的影响，在试件 YZW2 的设计与试验的基础上，对型钢腹板进行变截面分析。分别建立试件 YZW4 与试件 YZW5 的有限元模型，主要区别为齿槽中型钢抗剪键的腹板长度分别为 80mm、240mm、480mm。YZW2 型钢尺寸为 120mm×80mm×10mm×10mm，试件 YZW4 型钢尺寸为 80mm×80mm×10mm×10mm，试件 YZW5 型钢尺寸为 360mm×80mm×10mm×10mm。图 5-23 为不同型钢抗剪键骨架试件的骨架曲线。

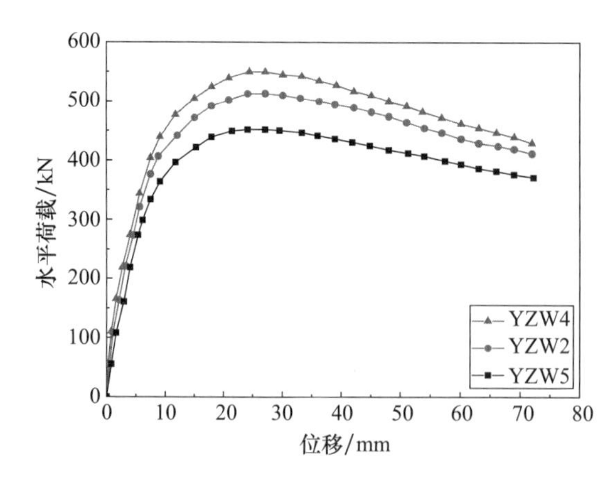

图 5-23　不同型钢抗剪键骨架试件的骨架曲线

由图可知，增设型钢抗剪键的所有预制试件，其骨架曲线走势基本相似，上升段与下降段较为明显，各试件前期骨架曲线呈线性变化，差距较小，型钢抗剪键的腹板越大，试件初始刚度越大。当水平荷载达到峰值后，试件模型 YZW5 的水平荷载下降较快，而试件模型 YZW4 的水平荷载下降较慢，墙体的变形能力基本相似。三个试件型钢腹板长度分别为 360mm、120mm 及 80mm，但其试件 YZW2 与试件 YZW5 的承载力差距较小，可能是达到一定水平荷载，试件破坏严重，无法继续施加荷载，而型钢抗剪键并没有屈服。增加型钢在齿槽的长度，并不会大幅度提升其试件的整体抗震性能。而试件 YZW2、试件 YZW5 与试件 YZW4 的承载力差距较大，抗震性能得到大幅度提升。

第六节　小　结

（1）接缝处采取不同处理方式的复合齿槽预制剪力墙，其齿槽处 U 形筋搭接连接能有效传递钢筋应力。所有预制试件破坏形态基本相同，均为压弯破坏，即预制墙体两侧暗柱纵筋受拉鼓曲或拉断，两侧底部混凝土压碎脱落，各试件裂缝发展充分，试件极限位移角为 1/51～1/42，延性系数均大于 4，接缝处采用加劲方式处理的试件 YZW2 和 YZW3 延性系数相较试件 YZW1 分别提高了 13.3％和 4.7％。

（2）接缝处采取加设型钢抗剪键或增大穿过接缝处 U 形筋直径的加劲型处理方式，均能够使墙体底部接缝处的抗剪能力得到大幅增强，延缓墙体边缘构件钢筋屈服，增加墙体的整体工作性能，避免发生剪切滑移。加劲型处理的试件 YZW2 及 YZW3，其滞回曲线更加饱满，承载力、耗能能力及初始刚度均得到显著提高。预制试件 YZW2 具有更好的墙体变形能力，承载力达到峰值后下降缓慢，墙体延性较好；YZW3 拥有更高的初始刚度，墙体开裂延迟，裂缝发展较慢。

（3）齿槽连接预制剪力墙接缝处采用两种加劲型处理方式，均能有效提高预制墙体的抗剪能力和整体的工作性能。增设型钢抗剪键的处理方式能更好地提高预制墙体抗震性能，但增大穿过接缝处 U 形筋直径的处理方式更便于在工程实际施工中进行操作，且成本较低。

第六章　工程实例

第一节　工程实例一

一、工程概况

天津大学研究生公寓项目位于天津大学北洋园校区，是天津市中心城区和滨海新区的过渡地带，天津“双城相向拓展”的中心区域——津南区海河教育园区中部、生态绿廊西侧。项目建筑效果图如图 6-1 所示。该项目总建筑面积 35813.51m^2，其中地上建筑面积 33321.17m^2，地下建筑面积 2492.34m^2。建筑使用功能为学生宿舍，地上五层，局部六层；局部设置地下室，建筑总高度 23.37m。

项目所处区域抗震设防烈度为 8 度，设计基本地震加速度值为 0.20g，设计地震分组为第二组，场地类别为Ⅲ类，特征周期为 0.55s。建筑抗震设防类别为标准设防类，设计使用年限为 50 年，剪力墙抗震等级为三级。基本雪压和基本风压按 50 年重现期考虑，基本雪压为 0.40kN/m^2，基本风压为 0.50kN/m^2，地面粗糙度类别为 B 类，风荷载体形系数取 1.3。

图 6-1　建筑效果图

二、结构体系与装配式建筑设计

基于预制部品部件标准化理念，以提高装配式建筑的质量、施工效率，缩短建造周期，节约资源和降低建造成本为目标，同时结合居住类建筑的可操作性，本项目采用复合齿槽连接装配式剪力墙结构体系，其中预制混凝土墙板采用复合齿槽连接预制混凝土墙板。项目中采用的复合齿槽连接预制混凝土墙板主要有900mm、1200mm及1500mm三种规格，共计1486块，单块墙板最大质量约2.6t。

按《装配式建筑评价标准》(GB/T 51129—2017)进行装配式建筑评分，其中主体结构竖向构件采用复合齿槽连接预制混凝土墙板，应用比例为35.6%，该部分评价分值为20分。地上围护墙采用ALC条板，应用比例为100%，非承重内隔墙采用ALC内隔墙，应用比例为100%，该部分评价分值为10分。采用全装修、集成厨房、集成卫生间和管线分离，该部分评价分值为20.1分。总分为52.3分，装配率为52.3%。

装配式建筑评价等级划分标准：装配率为60%~75%，A级装配式建筑；装配率为76%~90%，AA级装配式建筑；装配率为91%及以上，AAA级装配式建筑。因此，该项目装配式建筑评价等级达到了A级装配式建筑的标准。

通过在装配式设计以及装配式新技术的创新与应用的工程实践，本项目解决了装配式建筑高效施工与工程质量之间的矛盾，提升了装配式剪力墙结构在装配式建筑领域中成本、效率、质量等方面的优势。

本项目被天津市住房和城乡建设委员会列为2020年天津市建筑业新技术应用示范工程，获得2022年“海河杯”天津市优秀勘察设计建筑工业化设计奖二等奖。

三、典型施工照片

本项目在构件生产加工、现场装配安装、围护结构施工、全装修等关键施工阶段的典型照片如图6-2至图6-8所示。现场预制墙板的主要施工工艺流程为预制墙板吊装→坐浆料铺设→临时固定→钢筋连接→模板支设→暗柱混凝土浇筑→养护→齿槽区混凝土浇筑及养护。

图6-2 标准化组合模具

图 6-3 构件工厂加工

图 6-4 完成的复合齿槽连接预制混凝土墙板

图 6-5 预制墙板吊装

图 6-6　楼层混凝土、复合齿槽区域混凝土浇筑完成效果

图 6-7　围护结构安装

图 6-8　竣工后效果图

第二节　工程实例二

一、工程概况

天津生态城旅游区 03-01-13 地块住宅项目是天津万科开发的房地产项目，位于中新天津生态城航泊道以南、顺平路以西，总建筑面积 112890m²。该项目 1 号楼为建筑工业化示范楼，建筑面积约 4000m²，地下一层，地上十一层，地上层高均为 2.9m，室内外高差 300mm，结构总高度 32.2m，1 号楼建筑效果图如图 6-9 所示。

图 6-9　1 号楼建筑效果图

项目所处区域抗震设防烈度为 8 度，设计基本地震加速度值为 0.20g，设计地震分组为第二组，场地类别为Ⅲ类，特征周期为 0.55s。建筑抗震设防类别为标准设防类，设计使用年限为 50 年，剪力墙抗震等级为二级。基本雪压和基本风压按 50 年重现期考虑，基本雪压为 0.35kN/m²，基本风压为 0.55kN/m²，地面粗糙度类别为 B 类，风荷载体形系数取 1.3。

二、结构体系与装配式建筑设计

该项目为装配式示范楼，要求建筑装配率不低于 80%。基于预制部品部件标准化理念，以提高装配式建筑的质量、施工效率，缩短建造周期，节约资源和降低建造成本为目标，同时结合居住类建筑的可操作性，本项目采用复合齿槽连接装配式剪力墙结构体系。

本项目主体结构竖向和水平结构均采用预制构件，其中预制混凝土墙板采用复合齿槽连接预制混凝土墙板，楼板采用预制混凝土叠合楼板，楼梯采用预制楼梯。复合齿槽连接预制混凝土墙板主要有 1200mm 一种规格，共计 242 块，单块墙板最大质量约 1.6t。

按《装配式建筑评价标准》(GB/T 51129—2017) 进行装配式建筑评分，其中主体结构竖向构件采用复合齿槽连接预制混凝土墙板，应用比例为 35%，水平构件采用预制混凝土叠合楼板和预制楼梯，应用比例不小于 80%，该部分评价分值为 40 分。地上围护结构采用 ALC 条板，应用比例为 100%，内隔墙采用多孔条板，在实现非砌筑的同时，可实现内隔墙与管线、装修一体化，应用比例为 70%，该部分评价分值为 14 分。采用全装修、干式工法楼地面、集成厨房、集成卫生间和管线分离，该部分评价分值为 26 分。总分为 80 分，装配率为 80%。

装配式建筑评价等级划分标准：装配率为 60%～75%，A 级装配式建筑；装配率为 76%～90%，AA 级装配式建筑；装配率为 91%及以上，AAA 级装配式建筑。因此，该项目装配式建筑评价等级达到了 AA 级装配式建筑的标准。

三、典型施工照片

施工过程如图 6-10 至图 6-15 所示。

图 6-10 预制构件工厂加工制作

图 6-11　预制构件运输

图 6-12　预制墙板吊装

图 6-13　楼层混凝土、复合齿槽区域混凝土浇筑完成效果图

图 6-14　围护及内隔墙安装

图 6-15　竣工后小区效果图

第三节　工程实例三

一、工程概况

金隅金成府高层住宅项目位于天津市北辰区天穆镇朝阳路与文庆道交叉口西南处，项目总建筑面积 95415m^2，地上建筑面积 66465m^2，地下建筑面积 28950m^2，包含七栋高层住宅和六栋洋房。高层住宅地下一层，地上十八层，地上层高均为 3m，室内外高差 600mm，结构总高度 54.6m。高层住宅建筑效果图如图 6-16 所示。

图 6-16 高层住宅建筑效果图

项目所处区域抗震设防烈度为 8 度，设计基本地震加速度值为 0.20g，设计地震分组为第二组，场地类别为Ⅲ类，特征周期为 0.55s。建筑抗震设防类别为标准设防类，设计使用年限为 50 年，剪力墙抗震等级为二级。基本雪压和基本风压按 50 年重现期考虑，基本雪压为 0.40kN/m^2，基本风压为 0.50kN/m^2，地面粗糙度类别为 B 类，风荷载体形系数取 1.3。

二、结构体系与装配式建筑设计

基于预制部品部件标准化理念，以提高装配式建筑的质量、施工效率，缩短建造周期，节约资源和降低建造成本为目标，同时结合居住类建筑的可操作性，本项目五栋高层住宅采用复合齿槽连接装配式剪力墙结构体系，其中预制混凝土墙板采用复合齿槽连接预制混凝土墙板，单体建筑装配率为 50%。项目中采用的复合齿槽连接预制混凝土墙板主要有 800mm、1200mm、1400mm 和 1700mm 四种规格，每栋共计 594 块，单块墙板最大质量约 2.0t，典型标准层预制墙板平面布置如图 6-17 所示。图 6-18 为典型复合齿槽连接预制混凝土墙板构件详图。图 6-19 为复合齿槽连接预制混凝土墙板工厂加工。在该项目中，使用高精度模板体系，实现了复合齿槽连接预制墙板与现浇混凝土间的一体化施工技术，现浇部位无须抹灰，可有效地减少现场人力，提高了该体系的工业化水平。

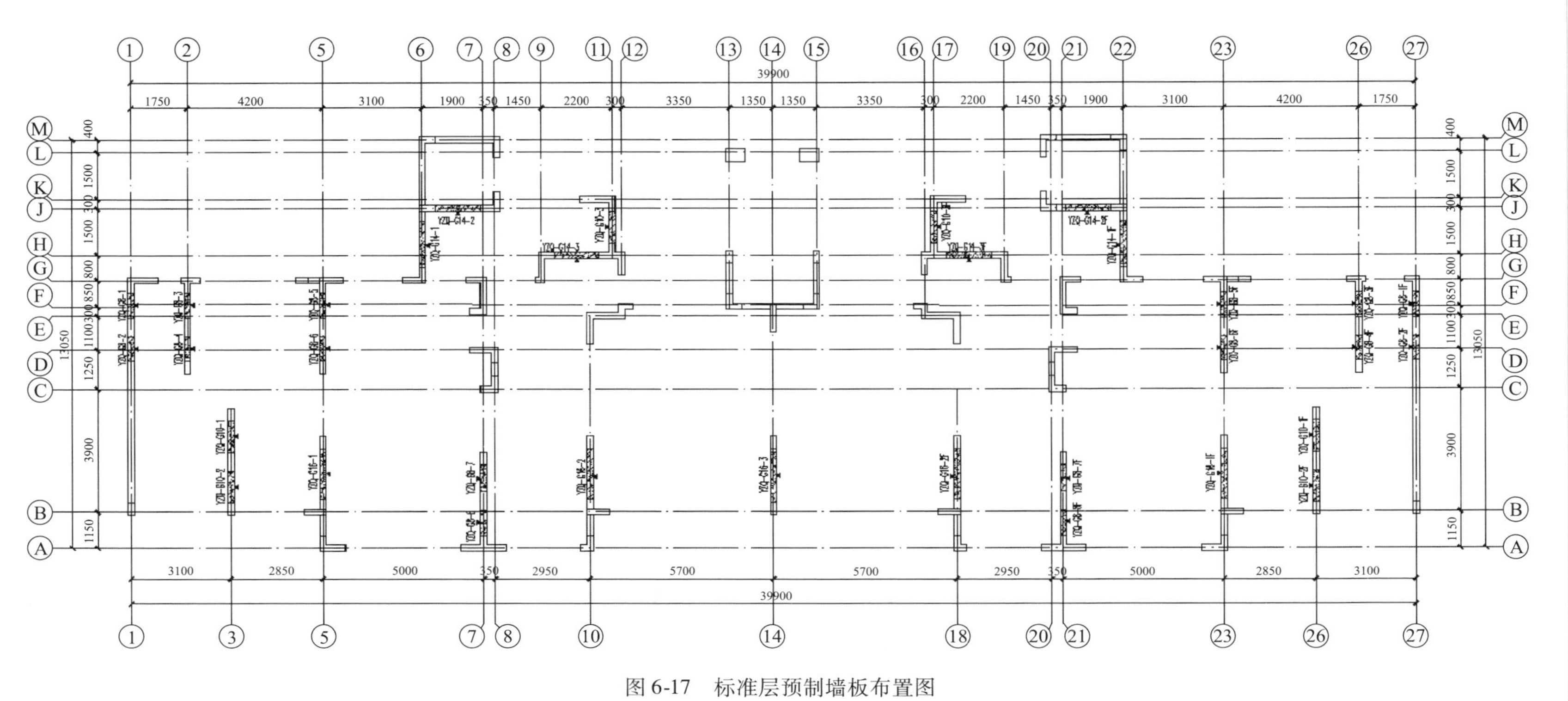

图 6-17 标准层预制墙板布置图

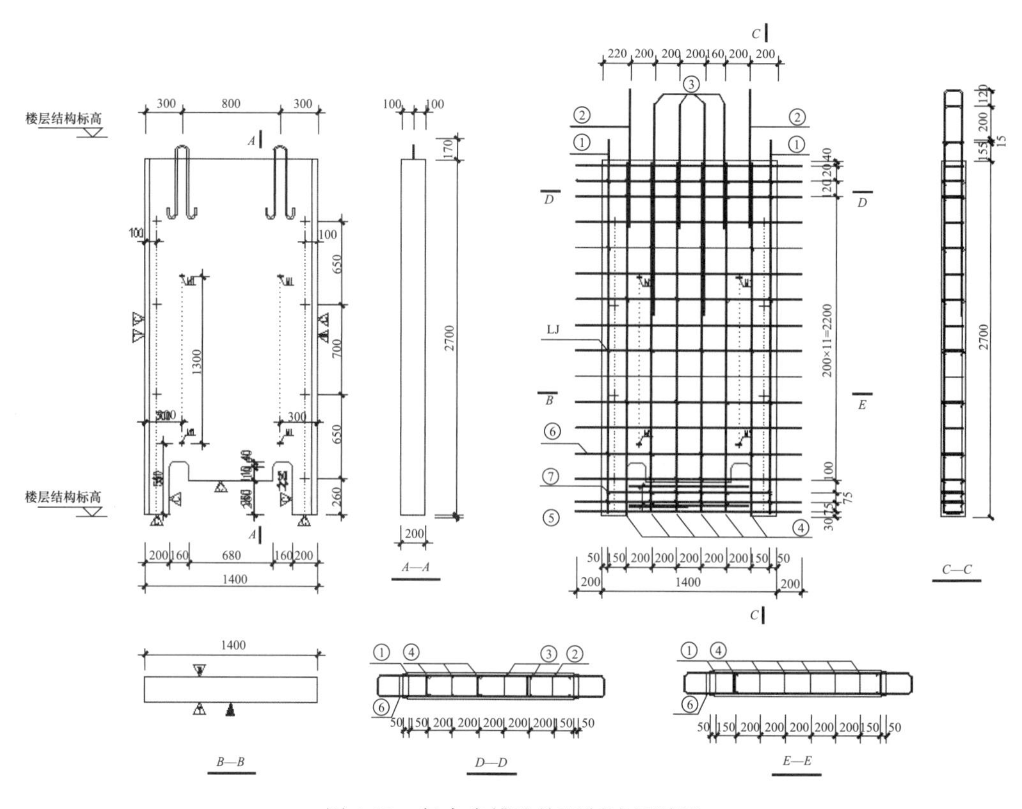

图 6-18　复合齿槽连接预制墙板详图

图 6-19　预制混凝土墙板工厂加工

第四节　小　结

装配式剪力墙齿槽连接技术目前已在万科天津中新生态城、天津金隅金成府、天津大学新校区硕士公寓等多个项目中应用。从工程应用数据可以得出以下结论：

在降成本、节能耗方面：项目技术成果实现了预制混凝土墙板标准化与连接节点协调设计，无须使用灌浆套筒和灌浆料，预制墙板标准化程度提高，同时通过应用标准化组合模具，模具重复利用率提升120%以上，可实现工业化批量生产，降低能源消耗和制造成本。现场可节省灌浆料、人工灌浆费用和检测费用。

在提高效率、缩短工期方面：复合齿槽连接预制墙板现场安装便捷，操作简单，解决了灌浆套筒连接技术带来的高精度安装难题，安装效率大幅提升。

在提高质量、保安全方面：复合齿槽连接技术可实现现场连接节点质量可视可控，连接节点质量合格率达到100%，同时，采用便携式移动施工工具，既保证装配式剪力墙连接节点质量，又实现了施工工具快速拆卸、循环可用，降低了能源资源消耗。

综上所述，研发成果在解决当前装配式建筑成本高、耗能大、工期长和质量难控等痛点问题上具有显著优势，有较高的应用价值和广泛的应用前景。

参考文献

[1] HARRIS H G，IYENGAR S. Full-scale tests on horizontal joints of large panel precast concrete buildings [J] . PCI Journal，1980，25（2）：72-92.

[2] PARK R. Seismic design and construction of precast concrete buildings in New Zea land [J] . PCI Journal，2002，47（5）：60-75.

[3] SOUDKI K A，WEST J S，RIZKALLA S H，et al. Horizontal connections for precast concrete shear wall panels under cyclic shear loading [J] . PCI Journal，1996，41（3）：64-80.

[4] SHEMIE M. Bolted connections in large panel system buildings [J] . PCI Journal，1973，18（1）：214-231.

[5] 尹之潜，朱玉莲，杨淑文，等．高层装配式大板结构模拟地震试验 [J] ．土木工程学报，1996，29（3）：57-64.

[6] 朱幼麟，刘寅生，陈芮，等．装配式大板房屋模型在水平荷载作用下的试验研究 [J] ．建筑结构学报，1980（2）：31-46.

[7] 万墨林．大板结构抗连续倒塌问题（上）[J] ．建筑科学，1990（3）：17-24.

[8] 朱幼麟．大板结构连续倒坍问题的初步分析 [J] ．建筑结构学报，1991，12（5）：47-54.

[9] SMITH B，KURAMA Y. Design of hybrid precast concrete walls for seismic regions [C] //ASCE 2009 Structures Congress，2009：1673-1682.

[10] SMITH B J，KURAMA Y C. Analytical model validation of a hybrid precast concrete wall for seismic regions [C] //Proceedings of the 2010 ASCE Structures Congress，2010：2914-2924.

[11] SMITH B J，KURAMA Y C，MCGinnis M J. Comparison of solid and perforated hybrid precast concrete shear walls for seismic regions [C] //Proceedings of the ASCE Structures Congress，2012：1529-1540.

[12] SMITH B，KURAMA Y，MCGinnis M. Hybrid precast concrete shear walls for seismic regions：solid and perforated walls [C] //Proceedings of the 9th International Conference on Urban Earthquake Engineering and 4th Asia Conference on Earthquake Engineering，2012.

[13] KURAMA Y C，WELDON B D，SHEN Q. Experimental evaluation of postten-

sioned hybrid coupled wall subassemblages [J]. Journal of Structural Engineering, 2006, 132 (7): 1017-1029.

[14] SHEN Q, KURAMA Y C. Nonlinear behavior of posttensioned hybrid coupled wall subassemblages [J]. Journal of Structural Engineering, 2002, 128 (10): 1290-1300.

[15] KURAMA Y C, SHEN Q. Seismic design and response evaluation of unbounded post-tensioned hybrid coupled wall structures [J]. Earthquake Engineering and Structural Dynamics, 2008, 37 (14): 1677-1702.

[16] WELDON B D, KURAMA Y C. Coupling of concrete walls using post-tensioned precast concrete beams [C] //2005 Structures Congress, 2005 (20/24): 1913-1924.

[17] 薛伟辰，胡翔．预制混凝土剪力墙结构体系研究进展 [J]．建筑结构学报，2019，40 (2): 44-55.

[18] 章红梅，吕西林，段元锋，等．半预制钢筋混凝土叠合墙（PPRC-CW）非线性研究 [J]．土木工程学报，2010，43 (S2): 93-100.

[19] 连星，叶献国，王德才，等．叠合板式剪力墙的抗震性能试验分析 [J]．合肥工业大学学报（自然科学版），2009，32 (8): 1219-1223.

[20] 蒋庆，叶献国，种迅．叠合板式剪力墙的力学计算模型 [J]．土木工程学报，2012，45 (1): 8-12.

[21] 王滋军，刘伟庆，叶燕华，等．钢筋混凝土开洞叠合剪力墙抗震性能试验研究 [J]．建筑结构学报，2012，33 (7): 156-163.

[22] 王滋军，刘伟庆，魏威，等．钢筋混凝土水平拼接叠合剪力墙抗震性能试验研究 [J]．建筑结构学报，2012，33 (7): 147-155.

[23] 张伟林，沈小璞，吴志新，等．叠合板式剪力墙 T 型、L 型墙体抗震性能试验研究 [J]．工程力学，2012，29 (6): 196-201.

[24] SALMON D C, EINEA A, TADROS M K, et al. Full scale testing of precast concrete sandwich panels [J]. ACI Structural Journal, 1997, 94: 239-247.

[25] 朱张峰，郭正兴．预制装配式剪力墙结构节点抗震性能试验研究 [J]．土木工程学报，2012，45 (1): 69-76.

[26] 朱张峰，郭正兴．装配式短肢剪力墙平面模型抗震性能试验 [J]．哈尔滨工业大学学报，2012，44 (4): 94-99.

[27] 陈锦石，郭正兴．全预制装配整体式剪力墙结构体系空间模型抗震性能研究 [J]．施工技术，2012，41 (5): 87-89.

[28] 马军卫，潘金龙，尹万云，等．全装配式钢筋混凝土框架-剪力墙结构抗震性能试验究 [J]．建筑结构学报，2017，38 (6): 12-22.

[29] 赵唯坚，郭婉楠，金峤，等．预制装配式剪力墙结构竖向连接形式的发展现状 [J]．工业建筑，2014，44 (4): 115-121，59.

[30] 钱稼茹，韩文龙，赵作周，等．钢筋套筒灌浆连接装配式剪力墙结构三层足尺模型子结构拟动力试验［J］．建筑结构学报，2017，38（3）：26-38.

[31] 李然，黄小坤，田春雨．三种装配整体式钢筋混凝土剪力墙结构受力性能对比研究［J］．建筑结构学报，2018，39（S2）：79-85.

[32] 张壮南，李姗姗，柳旭东，等．装配式剪力墙浆锚连接的受力性能试验研究［J］．建筑结构学报，2019，40（2）：189-197.

[33] 孙建，邱洪兴，谭志成，等．螺栓连接全装配式一字形 RC 剪力墙受力性能试验研究［J］．建筑结构学报，2016，37（3）：67-75.

[34] 吴宏磊，刘博，江海洋，等．由大直径螺杆和 UHPC 连接的装配式剪力墙抗震性能试验研究［J］．建筑结构学报，2022，43（S1）：61-68.

[35] 徐刚，张瑞君，李爱群．装配式夹心剪力墙结构抗震性能研究［J］．建筑结构学报，2020，41（9）：56-67.

[36] 肖明，韩文龙，吕晚晴，等．多层装配式预制剪力墙抗震性能试验研究［J］．建筑结构学报，2023，44（12）：32-45.

[37] 社团法人预制建筑协会．预制建筑总论［M］．北京：中国建筑工业出版社，2012.

[38] 黄炜，陈国新，姚谦峰．密肋复合墙体在拟动力试验下的抗震性能研究［J］．振动与冲击，2007，26（3）：49-54.

[39] 钱稼茹，张微敬，赵丰东，等．双片预制圆孔板剪力墙抗震性能试验［J］．建筑结构，2010，40（6）：71-75.

[40] 张微敬，孟涛，钱稼茹，等．单片预制圆孔板剪力墙抗震性能试验［J］．建筑结构，2010，40（6）：76-80.

[41] 胡文博，翟希梅，姜洪斌．预制装配式钢筋混凝土一体化剪力墙抗震性能研究及构造方案优化［J］．建筑结构学报，2016，37（8）：1-10.

[42] 钱稼茹，崔瑶，张薇，等．装配式空心板剪力墙结构叠合连梁抗震性能试验研究［J］．建筑结构学报，2020，41（1）：51-60.

[43] 周颖，顾安琪，鲁懿虬，等．大型装配式自复位剪力墙结构振动台试验研究［J］．土木工程学报，2020，53（10）：62-71.

[44] 熊枫，黄炎生，周靖，等．装配式内置双钢套管混凝土组合剪力墙的抗震性能试验研究［J］．土木工程学报，2021，54（4）：8-17.

[45] 马少春，赵亚坤，郭成超，等．装配式 L 形截面夹芯组合剪力墙节点抗震性能试验［J］．土木工程学报，2022，55（S1）：49-55.

[46] 武立伟，于斐凡，郭雪源，等．装配式圆钢管混凝土组合剪力墙抗震性能试验研究［J］．建筑结构学报，2022，43（S1）：186-195.

[47] 韦宏，李琼宁．钢板焊接连接的带水平接缝装配式 RC 剪力墙抗震性能试验研究

[J]．建筑结构学报，2020，41（9）：77-87.
[48] 庞瑞，刘晓怡，张海东，等．轴压比对带PC填充墙的装配式联肢剪力墙受力性能影响分析[J]．土木工程学报，2020，53（S2）：40-46.
[49] 马昕煦，张晓勇，曹志伟，等．竖向分布钢筋不连续的装配式剪力墙等强设计方法[J]．建筑结构学报，2022，43（7）：81-90.
[50] 中华人民共和国住房和城乡建设部．建筑抗震试验规程：JGJ/T 101—2015[S]．北京：中国建筑工业出版社，2015.
[51] 中华人民共和国住房和城乡建设部．混凝土结构设计规范：GB 50010—2010[S]．2015年版．北京：中国建筑工业出版社，2015.
[52] YAN J B，XIONG M X，QIAN X，et al. Numerical and parametric study of curved steel-concrete-steel sandwich composite beams under concentrated loading [J]．Materials & Structures，2016，49（10）：3981-4001.
[53] PARK R. Valuation of ductility of structures and structural assemblages from laboratory testing [J]．Bulletin of the New Zealand National Society for Earthquake Engineering，1989，22（3）：155-166.
[54] 钢筋混凝土截面摩擦受剪性能实验研究报告[R]．
[55] ACI COMMITTEE 318. Building code requirements for structural concrete and commentary [S]．Farmington Hills，MI：American Concrete Institute，2011.
[56] 社团法人预制建筑协会．WR-PC的设计[M]．北京：中国建筑工业出版社，2012.
[57] 宋国华，王东炜，滕海文．PRC结构竖缝强度退化后抗剪能力统计特征[J]．北京工业大学学报，2004，30（1）：81-84.
[58] AMERICAN CONCRETE INSTITUTE. Building Code Requirements for Reinforced Concrete：38-83 [S]．
[59] 朱邦范．预制建筑总论[M]．北京：中国建筑工业出版社，2012.
[60] 薛伟辰，胡伟．WR-PC的设计[M]．北京：中国建筑工业出版社，2012.
[61] 中华人民共和国住房和城乡建设部．混凝土结构试验方法标准：GB/T 50152—2012[S]．北京：中国建筑工业出版社，2012.
[62] KACHANOV L M. Time of the rupture process under creep conditions [J]．Isv. Akad. Nauk. SSR. OtdTekh. Nauk，1958，8：26-31.
[63] 付春兵．高强钢筋高强混凝土双连梁抗震性能有限元分析[D]．天津：天津大学，2013.
[64] 中国人民共和国住房和城乡建设部，国家市场监督管理总局．混凝土物理力学性能试验方法标准：GB/T 50081—2019[S]．北京：中国建筑工业出版社，2019.
[65] 国家市场监督管理局，国家标准化管理委员会．金属材料 拉伸试验 第1部分：室

温试验方法：GB/T 228.1—2021［S］．北京：中国标准出版社，2021.

［66］Chandrupatla Tirupathi R. 工程中的有限元方法［M］．北京：清华大学出版社，2006.

［67］ALONSO E E，GENS A，JOSA A. A constitutive mod-el for partially saturated soils［J］．Geotechnique，1990，40（3）：405-430.

［68］POULOS HG，DAVIS EH. Pile foundation analysis and design［M］．New York：John Wiley and Sons，1980.

［69］GB 50011—2010. 建筑抗震设计规范［S］．北京：中国建筑工业出版社，2010.

［70］ABAQUS. ABAQUS Standard User's Manual［Z］．

［71］北京规划和自然资源委员会，北京市市场监督管理局．装配式剪力墙结构设计规程：DB11/1003—2022［Z］．

［72］张琦，过镇海．砼抗剪强度和剪切变形的研究［J］．建筑结构学报，1992，13（5）：17-24.

［73］柳炳康，宋国华，王东炜．装配式大板结构竖缝抗剪机理研究［J］．郑州大学学报（工学版），2002，23（2）：74-78.

［74］中华人民共和国住房和城乡建设部．装配式混凝土结构技术规程：JGJ1—2014［S］．北京：中国建筑工业出版社，2014.